AF510958

MANUEL LEMKE & CHRISTIAN ZAHL

BUSBASTLER HANDBUCH

Schritt für Schritt
zum eigenen Campervan

BRUCKMANN

Ihr wollt mal eben mit möglichst wenig Aufwand und sehr günstig einen alten Transporter zum gemütlichen Wohnmobil ausbauen? Dann haben wir hier einen wichtigen Tipp für euch: Lasst es bleiben!

Ein Vanausbau ist alles andere als ein schnelles und unkompliziertes Unterfangen. Das beweist schon die Tatsache, dass ihr diesen Text hier lest. Bevor es also richtig losgeht, solltet ihr euch darüber im Klaren sein, dass so ein Selbstausbau enorm anstrengend ist, eine Belastungsprobe für jede Art von Beziehung werden kann, immer deutlich länger dauert als geplant und in den allermeisten Fällen auch noch wesentlich teurer wird als gedacht.

Dafür ist es aber auch ein wirklich tolles Gefühl, etwas mit den eigenen Händen zu erschaffen und einem leeren Blechkasten Charakter und Gemütlichkeit zu verleihen, pfiffige Lösungen für ganz spezielle Anforderungen zu finden, seine handwerklichen Fertigkeiten Stück für Stück zu verbessern und am Ende mit Stolz sagen zu können: »Das habe ich selbst gemacht.«

Kurzum: Ein Selbstausbau sollte im Idealfall ein sich selbst erfüllender Traum sein. Es gibt nicht wenige Menschen, die – kaum mit ihrem fertigen Projekt unterwegs – schon das nächste angehen. Ja, für viele ist der Ausbau selbst das Hobby, bei dem sie voll und ganz in ihrem Element sind. Der Weg ist das Ziel.

Doch was ist eigentlich ein Busbastler? Das sind wir, Menschen, die sich ihr Fahrzeug in Eigenregie zum Camper ausbauen. Mit Liebe zum Detail, ganz individuell. Genau wie die Besitzer sind auch die Fahrzeuge einzigartig und spiegeln die Begeisterung für Freiheit und die Liebe zur Natur wider. Aus diesem Antrieb ist eine Anlaufstation für Busbastler entstanden, die alle relevanten Themen zusammenführt, sowohl online als auch offline.

Wir wollen euch in diesem Buch ein paar Hinweise liefern, mit denen ihr eure Recherche richtig angehen könnt, um so auch nach dem Ausbau noch viel Freude mit eurem selbst erschaffenen Camper zu haben. Die perfekte Lösung für alle wird es nicht geben, daher helfen wir euch, die richtigen Fragen zu stellen. In diesem Sinne soll das Buch vor allem eines sein: eine Hilfe zur Selbsthilfe.

How to: Busbastler Handbuch

Wer liest schon gerne Bedienungsanleitungen? Wir hoffen, ihr! Denn in Bedienungsanleitungen sind viele hilfreiche Hinweise zu finden. Egal, ob es um das Fahrzeug, die Kühlbox, den Ladebooster oder um den Kleber für die Dachfenster geht – wir empfehlen dringend, diese Literatur zu studieren, auch wenn es manchmal eine trockene Angelegenheit ist.

DIE BEDIENUNGSANLEITUNG FÜR DIESES BUCH

Auch dieses Buch verdient eine kurze Bedienungsanleitung*, damit es für euch den größtmöglichen Nutzen hat. Zunächst findet ihr in der hinteren Umschlagklappe eine Übersicht, die euch zu den am Seitenrand farbig markierten Kapiteln führt. So könnt ihr von Thema zu Thema springen und findet schnell das Kapitel, das euch gerade beschäftigt. Sei es zu Hause auf dem Sofa oder direkt beim Ausbau im Fahrzeug.

* Es scheint vielleicht so, als hätten wir eine Wette abgeschlossen, wie oft wir das Wort »Bedienungsanleitung« auf eine Seite schreiben können, aber nein: Wir meinen das wirklich ernst!

An einigen Stellen werdet ihr im Text markierte Sätze finden. Diese halten wir für besonders wichtig und lesenswert. Wir empfehlen euch aber, darüber hinaus auch eigene, individuelle Markierungen zu setzen. Unterstreicht, kreist ein oder macht »Eselsohren« überall da, wo ihr persönlich wichtige Information findet. Denn es soll ein Werkzeug für euch und euren Ausbau sein.

Zu guter Letzt haben wir bei gewissen Themen Platz für Notizen, Anmerkungen, Skizzen oder Zeichnungen gelassen, so dass ihr euch anhand eurer eigenen Recherche direkt ans Werk machen könnt. Diese Seiten erkennt ihr am Millimeterpapier am Ende der jeweiligen Kapitel.

Alles klar? Prima! Dann legen wir los!

Bild rechts: Nicht nur beim Heizungseinbau braucht man eine Bedienungsanleitung.

Wie und wo fange ich an?

Zuerst gibt es da immer eine Idee im Kopf. Man stellt sich vor, wie der fertige Camper am Strand steht und der Kaffee auf dem Gaskocher dampft. Spätestens ab hier solltet ihr einen Notizblock in die Hand nehmen und alle Ideen und Vorstellungen niederschreiben. Beliebt sind auch Notizbuch-Apps für das Smartphone. So seid ihr auch unterwegs, ohne Blatt Papier und Stift, bereit, eure Träume festzuhalten.

Schaut genau, wo eure persönlichen Bedürfnisse liegen, auch die von eurem Partner. Denkt daran, dass mitreisende Tiere es ebenfalls so gut wie möglich haben sollen. Schaut aber vor allem in euer Portemonnaie. **Wie viel könnt und möchtet ihr investieren, um später noch genug Puffer fürs eigentliche Reisen zu haben?** Vergesst auch die Unterhaltskosten eines solchen Campers nicht, die meist höher liegen als die eines normalen Alltagsfahrzeugs.

Am besten stellt ihr euch selbst immer wieder Fragen und versucht, alle Überlegungen aus verschiedenen Blickwinkeln zu betrachten. Lasst uns mit den wichtigsten Grundfragen starten:

> Wie hoch ist mein Budget für das Projekt?
> Wie groß muss das Fahrzeug sein?
> Wird der Camper mein Alltagsfahrzeug?
> Wo baue ich den Wagen um?
> Habe ich das nötige Werkzeug?
> Wen kann ich um Hilfe bitten, wenn ich nicht weiterkomme?

All das sind elementare Fragen, die das Vanprojekt grob umreißen und dem Ganzen eine gewisse Struktur verleihen. Denn ist der Van erst mal da, gibt es so schnell kein Zurück mehr.

Und genau damit fangen wir auf den folgenden Seiten an: mit der richtigen Fahrzeugwahl.

Bild links: Notizen und Skizzen sind die beste Möglichkeit, Ideen für den Vanausbau zu sammeln.

-01- Fahrzeugwahl

Auf welche Kriterien sollte ich achten?

Die Wahl des richtigen Fahrzeugs ist ein wichtiges und sehr umfangreiches Thema. Glänzt man hier nicht mit Vorkenntnissen, ertrinkt man schnell in der Flut an Informationen. Und auch wir mussten schauen, wie wir das Thema auf den Punkt bringen, ohne das gesamte Buch damit zu füllen. Doch wie wir eingangs schon erwähnt haben, soll es eher ein Ratgeber als eine Enzyklopädie sein.

So haben wir uns entschieden, die wichtigsten Kriterien beim Kauf aufzuzeigen, und euch einen kleinen Überblick über die Fahrzeugmodelle zu verschaffen, die sich besonders zum Camperumbau eignen.

DARF ES NOCH EIN BISSCHEN GRÖSSER SEIN?

Was soll es eigentlich werden? Kleinbus, Minicamper, Transporter oder Kastenwagen? Diese Frage könnt nur ihr selbst beantworten. Braucht ihr Stehhöhe? Tiefgarage – ja oder nein? Wie viele Personen sollen mitreisen können? Wird eine Nasszelle mit Dusche und Toilette benötigt? Reist ihr nur am Wochenende oder spielt ihr mit dem Gedanken, dauerhaft darin zu wohnen?

Wenn ihr euch gar nicht sicher seid, schaut euch gern mal auf einem der vielen Vanlife-Treffen in Deutschland um. **Auch das Ausleihen von Campern oder Vorführwagen von Autohäusern hilft bei dieser schwierigen Entscheidung.** Denn was gibt es Schlimmeres, als beim Ausbau zu merken, dass es an Platz fehlt. Für alle Mutigen unter euch: Einfach ausprobieren und loslegen, und wenn's nicht klappt, dann kommt der nächste Van bestimmt.

Im Kastenwagensegment werden euch häufiger die Bezeichnungen L1 / H1 oder L2 / H2 begegnen. Das sind Kürzel für Höhe (H) und Länge (L). Die Zahlen sind Maßangaben, die sich aber auf die Standards der Hersteller beziehen. Beispiel: L2 / H2 bei einem Fiat Ducato bedeutet, dass die Länge des Fahrzeugs 5,40 Meter beträgt, und es sich damit um das zweitlängste Modell handelt, ebenso wie die Höhe H2 die zweithöchste Höhe mit 2,50 Metern ist. Wer jetzt glaubt, dass diese Maße auch für andere Hersteller gelten, der irrt. Denn bei einem VW Crafter ist ein L2 / H2 ein 5,90 Meter langes Fahrzeug mit einer Höhe von 2,60 Metern. Es lohnt sich also, vorher die unterschiedlichen Längen und Höhen des jeweiligen Fahrzeugherstellers genau anzuschauen.

Bild rechts: Auf zahlreichen Vanlife-Treffen in ganz Deutschland kann man das breite Spektrum verschiedener Vans selbst erfahren.

DER PREIS IST HEISS!

Tatsächlich ist das Festlegen eines Budgets das A und O für die Fahrzeugsuche. Und dabei meinen wir nicht das Gesamtbudget für den fertigen Camper, sondern nur für das Basisfahrzeug. Wichtiger Tipp von uns: Je höher, desto besser! Ein eher kleines Budget schränkt die Suche enorm ein und birgt die Gefahr, beim Zustand der Technik Abstriche machen zu müssen. Nehmt lieber etwas Geld vom Ausbau und nutzt es für das Fahrzeug. Denn mit dem Ding auf vier Rädern steht und fällt eure zukünftige Reise.

WIE WICHTIG IST DAS ALTER?

Oft steht das Baujahr mit dem Preis und dem Zustand des Vans eng in Verbindung. Wer bereit ist, ein hohes Budget zu investieren, kann auch bei den jüngeren Modellen schauen. Kleine Suchregel hierbei: **Je älter, desto mehr Abstriche muss man meist beim Zustand des Fahrzeugs machen. Selbstverständlich sind jüngere Fahrzeuge auf dem neuesten Stand der Technik.** So fahren sich Transporter schon lange nicht mehr wie vor zwanzig Jahren. Alles ist komfortabler und macht mittlerweile das Reisen auf den Straßen zum entspannten Erlebnis.

Eine untergeordnete Rolle spielt die Altersfrage im Young- und Oldtimersegment: Hier gibt es auch gut gepflegte Schätzchen älteren Baujahres. Man sollte aber auf jeglichen Komfort und Luxus beim Reisen verzichten können.

KILOMETERSTAND: HOCH ODER NIEDRIG?

Wie hoch darf der Kilometerstand meines Fahrzeugs sein? Eine beliebte Frage, die im Internet sehr unterschiedlich beantwortet, bewertet und eingeschätzt wird. Doch eigentlich ist es gar nicht so wild, wenn man sich eine kleine Regel vor Augen führt: Ein Auto, das steht, geht häufiger kaputt als eines, das fährt. Grund dafür ist, dass ein Motor darauf ausgelegt ist, sich zu bewegen. Wenn also ein Transporter regelmäßig gewartet wurde und einen hohen Kilometerstand hat, kann man davon ausgehen, dass er noch einige Kilometer mehr verträgt. Heute sind Transporter mit 500.000 Kilometern und mehr gar nicht so selten, wie man glauben mag. Ein gut bewegtes

Fahrzeug sollte im Jahr 30.000 Kilometer gefahren sein. Rechnet man diese Angabe aufs Baujahr um, könnt ihr ziemlich schnell einschätzen, um welche Art der Benutzung es sich bei dem Mobil eurer Wahl handelt: Kurzstrecke, Normalläufer oder Langstreckenfahrzeug.

DER BLICK INS SCHECKHEFT LOHNT SICH

Ein wichtiger Indikator für den technischen Zustand eines Vans ist das Scheckheft. Wir empfehlen, nur Fahrzeuge mit genau dieser Art von Dokumentation zu kaufen. Sofern es lückenlos geführt wurde, kann man davon ausgehen, dass das Fahrzeug gut behandelt worden ist. **Ein gepflegtes Scheckheft beinhaltet alle Inspektionen, Wechsel von Flüssigkeiten und Filtern und durchgeführte Reparaturen.** Doch kann das Scheckheft nicht gefälscht sein?

Dazu gibt es einen **Busbastler-Tipp:** Findet ihr im Scheckheft einen Stempel einer Werkstatt oder eines Autohauses, könnt ihr dort anrufen und mithilfe der Fahrgestellnummer die Richtigkeit der Angaben überprüfen.

WELCHER MOTOR IST FÜR MICH DER RICHTIGE?

Stellt euch vor, euer Van wiegt nach dem Ausbau 3.500 Kilogramm und eure Reise geht durch die Alpen: Passstraßen, die sich steile Berge hinaufschlängeln, enge Kurven, die eurem Fahrzeug alles abverlangen. Wie wäre es für euch, da mit 20 km/h hochzufahren und einen Spritverbrauch von 16 Litern zu haben? Oder folgendes Szenario: Eine Landstraße in Frankreich, vor euch eine Ente (Citroën 2CV). Erlaubt sind 90 km/h, ihr seid aber nur mit 50 km/h unterwegs, weil eure Motorleistung nicht ausreicht, um schnelles Überholen zu gewährleisten. Das sind typische Situationen, die einer entspannten Reise im Weg stehen und schnell für Frust sorgen. Dem kann man mit einer ordentlichen Motorisierung entgegenwirken. Wichtig dabei ist natürlich der Hubraum des Fahrzeugs – je höher, desto besser. Moderne Motoren sind mittlerweile in allen Klassen recht sparsam geworden, doch darf man dabei nie das Gewicht des Campers außer Acht lassen. **Ein großer Motor braucht zwar generell mehr Kraftstoff, aber wenn er richtig arbeiten muss, steigt der Verbrauch nicht so stark an.** Bei kleinen, sparsamen Motoren ist der Spritverbrauch sehr niedrig, allerdings muss

man aufgrund fehlender Leistung auf der Passstraße ordentlich Gas geben. Damit steigt der Spritverbrauch enorm an, der Verschleiß nimmt zu, sodass der Spaß am Reisen schnell nachlässt. Fazit: Zieht bei der Fahrzeugwahl durchaus etwas mehr Hubraum und PS in Betracht.

DAS FÄLLT INS GEWICHT

Das maximal zulässige Gesamtgewicht eures Campers hängt von mehreren Faktoren ab. Ein Blick in den Führerschein verrät euch, welche Fahrzeuge gewichtstechnisch für euch infrage kommen. Mit dem üblichen Kfz-Führerschein Klasse B ab 1999 beträgt das zulässige Gesamtgewicht 3,5 Tonnen. Ob euch das ausreicht, hängt stark von der favorisierten Fahrzeuggröße ab: **Je mehr Platz ihr habt, umso größer ist die Ausbaufläche und umso mehr Material, sprich Zusatzgewicht, werdet ihr verbauen.** Vergleicht dazu beim Fahrzeug eurer Wahl das Leergewicht mit dem zulässigen Gesamtgewicht. Diese Daten findet ihr im Fahrzeugschein.

Schaut genau, ob ein Gewicht von bis zu 3,5 Tonnen reicht, oder ob ihr über die magische Grenze hinausgehen wollt. Im Zweifelsfall bedeutet das, dass ihr einen neuen Führerschein machen und euch dementsprechend auf andere Verkehrsregeln einlassen müsst.

WAS TREIBT MEINEN VAN AN?

Der Fahrzeugmarkt ist groß und bietet euch eine Vielzahl an Fahrzeugen mit diversen Set-ups. Ein Kriterium, das eure Suche eingrenzen kann, ist die Getriebeart. Ein Automatikgetriebe eignet sich sehr gut für Reisemobile, ist aber im Unterhalt (Wartungen, Reparaturen) immer ein wenig kostenintensiver. Die meisten Transporter oder Kastenwagen sind allerdings mit Schaltgetriebe, einem Front- oder Heckantrieb ausgestattet. Transporter mit Automatikgetriebe sind eher rar.

Für Offroadfans ist darüber hinaus der Allradantrieb ein Must-have. Mit vier antreibenden Rädern kommt man zwar überall durch, muss dafür aber mehr Gewicht und höhere Anschaffungskosten in Kauf nehmen. Ihr merkt also, dass diese Kriterien gut überlegt sein wollen. Sie sind besonders individuell und abhängig von euren Vorlieben und dem angestrebten Reiseverhalten.

Bild links: Einer der beliebtesten Kastenwagen beim professionellen Ausbauer

MINIMALISMUS ODER LUXUS?

Die zukünftigen Reisen sollen ein Erlebnis und keine Anstrengung sein. Daher empfehlen wir gerne ein paar Helferlein, die euch das Reisen angenehmer machen. Allem voran natürlich die Klimaanlage, die in keinem Van fehlen sollte. Wer einmal bei 30 °C im Stau stand, kann das sicher nachvollziehen.

Auch ein Tempomat (Geschwindigkeitsregelanlage) ist ein guter Freund auf sehr langen Touren und spart nebenbei noch Kraftstoff. Regensensor, Lichtassistent und elektrische Sitzverstellung sind für den einen vielleicht Spielerei, doch für den anderen ein wichtiges Utensil auf langen Reisen. Leider wird man bei der Auswahl dieser vielen kleinen Luxusgüter häufig vom eigenen Budget gebremst.

HÖRT AUF EUER GEFÜHL!

Eines ist klar: Ihr solltet beim Fahrzeugkauf immer kompromissbereit sein. Aber schränkt euch nicht zu sehr ein! Was hilft euch ein Top-Auto, wenn ihr keine Freunde werdet? **Solltet ihr bei der Wahl des Fahrzeugs einen Kompromiss eingehen, dann tut dies niemals auf Kosten eures Geschmacks.** Wenn euch beispielsweise das Cockpit optisch nicht gefällt, wird sich das bestimmt auch nach 100.000 Kilometern nicht ändern. Dieser Van sollte nicht euer Reisemobil werden. Denn es wäre äußerst schade, eine traumhafte Route durch Norwegen nicht genießen zu können, weil das Fahrzeug aus zu vielen Kompromissen besteht.

Doch nun genug der Überlegungen, kommen wir auf den folgenden Seiten zu den verschiedenen Fahrzeugen, die sich besonders zum Camperumbau eignen.

Eine Übersicht über die gängigen Modelle

Als Erstes widmen wir uns den Kastenwagen. Der Gebrauchtwagenmarkt ist voll damit, denn diese Allround-Fahrzeuge sind für Speditionen, Handwerker und Privatleute gleichermaßen interessant. Sie bieten viel Platz trotz übersichtlicher Außenmaße und sind zudem sehr bequem fahrbar. Neuere Modelle fahren sich fast wie Mittelklasse-Limousinen. Daher ist das Kastenwagen-Segment perfekt für den Camperausbau, wie man mittlerweile auch schon auf dem Wohnmobilmarkt erkennen kann.

FIAT DUCATO, PEUGEOT BOXER, CITROËN JUMPER

Ja, die Überschrift ist bewusst so gewählt, denn alle aufgeführten Modelle basieren auf ein und demselben Fahrzeug, das seit 1982 in Kooperation mit der PSA-Gruppe gebaut wird. Das Einzige, was diese Transporter unterscheidet, sind die Motoren. Dies hat den Vorteil, dass ihr den für euch perfekten Motor auswählen könnt. Leider kam es in der Modellreihe von 1994 bis 2006 zu einigen Rostproblemen, die vor allem die längeren Transporter betraf. Hier empfiehlt es sich, unbedingt einen Blick unter das Fahrzeug zu werfen. Doch mittlerweile hat sich in der Fahrzeugentwicklung einiges getan, sodass sich die Hersteller dem Rostproblem weitestgehend entledigen konnten. Aus dem »alten Kastenwagen« ist inzwischen ein optisch schönes Mobil geworden, das mit Pkw-ähnlichem Interior und leistungsfähigen Motoren aufwarten kann. **Bei Ausbauern ist der Ducato / Boxer / Jumper sehr beliebt – vor allem wegen der geräumigen Innenmaße und der vergleichsweise geraden Seitenwände.** Bis heute werden viele dieser Fahrzeuge gebaut, somit lässt der Gebrauchtwagenmarkt keine Wünsche offen, was zu recht günstigen Kaufpreisen führt.

Fiat Ducato – ein sehr gefragtes Modell in der Ausbauszene

MERCEDES SPRINTER

Der Sprinter in der 7-Meter-Variante

Der sehr erfolgreiche Transporter der Mercedes-Benz-Gruppe wird seit 1995 gebaut und war in den ersten Jahrzehnten eine Zusammenarbeit mit Volkswagen. Robuste Steuerkettenmotoren und eine schier unfassbar große Auswahl der Aufbauarten machten ihn besonders im öffentlichen Dienst sehr beliebt.

Den ersten Modellwechsel des Sprinters gab es 2006 – erneut zusammen mit VW. Dieses Modell verfügt über so viele verschiedene Motoren, Längen, Höhen, Getriebe- und Antriebsarten, dass 1000 verschiedene Konfigurationen ab Werk möglich waren. 2018 hat sich Mercedes dann von VW gelöst und die erste eigenständige Modellreihe vorgestellt. Auch hier setzte man auf hohen Fahrkomfort mit vielen Assistenzsystemen und eine große Auswahl an Motoren und Antrieben.

Der Sprinter ist aufgrund der gefälligen Front sehr beliebt bei privaten Ausbauern. Allerdings büßt er durch die konkave Bauform und den meist vorhandenen Heckantrieb viel an Innenraum ein, weshalb der Ausbau vergleichsweise herausfordernd ist. Vor allem große Menschen müssen aufgrund der Innenmaße Abstriche machen. Auch der böse Rost hat den Sprinter schon immer begleitet. Ein genauer Blick, vor allem in den Türbereichen, lohnt sich. Der Stern im Frontgrill macht ihn zu den eher teureren Gebrauchtwagen, was sich aber wiederum positiv auf die Werterhaltung des Düsseldorfers auswirkt.

VOLKSWAGEN CRAFTER

Eigentlich könnten wir an dieser Stelle denselben Text einfügen, den wir über den Sprinter verfasst haben. Ab 2006 gab es in Zusammenarbeit mit Mercedes den ersten VW Crafter, der teilweise auch im selben Werk wie der Sprinter gebaut wurde. Motoren und Achsantriebe stammten zum Teil aus dem Vorgängermodell VW LT. Besonders beliebt beim VW Crafter ist der robuste 2,5-Liter-5-Zylinder-Dieselmotor, der per Zahnriemen gesteuert wurde. Doch wie beim Sprinter treten auch hier hin und wieder kleine Rostprobleme auf. Ab 2012 wurde der beliebte 5-Zylinder durch 2-Liter-4-Zylinder-Motoren ersetzt. Seit 2016 gibt es nun das ganz neue, eigens von VW entwickelte Crafter-Modell. Dieser auch als MAN TGE in Polen gebaute Crafter liegt seit der Trennung von Mercedes optisch sehr nah an den üblichen VW-Modellen. Spannend ist, dass es den beliebten Camper VW California seitdem erstmals auf der Kastenwagen-Basis des Crafters gibt. Ähnlich wie der Sprinter fällt auch der Crafter auf dem Gebrauchtwagenmarkt durch höhere Preise auf.

VW Crafter – in der Länge von 6 Metern sehr beliebt

www.autohaus KLEIN.de

Ford Transit – der meistverkaufte Transporter in Großbritannien

FORD TRANSIT

Mit der ersten Baureihe ab 1965 zählt der Kastenwagen von Ford zu den älteren Hasen. Seit der siebten Generation ab 2014 ist er aus dem Vanbereich nicht mehr wegzudenken und muss hier unbedingt genannt werden. Das gefällige Ford-Design und die vielen unterschiedlichen Bauformen machen ihn zu einem ebenbürtigen Mitbewerber der großen »Fiats« und »VWs«. Leider gab es ab 2012 immer mal wieder Probleme mit dem 2,2-Liter-Common-Rail-Motor, die so gravierend sein konnten, dass sie ein jähes Aus der Reise bedeuteten. Auch die etwas spartanische Bauweise von Verschleißteilen stellte den Transit häufig in ein schlechtes Licht. Dennoch ist der Innenraum mittlerweile sehr bequem, äußerst reisetauglich und hat die Anmutung eines Pkw. Im Oldtimer-Bereich ist der Transit der frühen Baureihen sehr selten und beliebt – und dadurch sicherlich eine kleine Wertanlage.

Kommen wir nach den Kastenwagen nun zu den Kleintransportern und Hochdachkombis. Diese haben die perfekte Größe für Einsteiger, Minimalisten und Platzsparer. Wir zeigen euch hier die beliebtesten Fahrzeuge dieser Kategorie.

VOLKSWAGEN TRANSPORTER T1–T6

Jeder kennt den »Bulli«, der schon lange Kultstatus hat, sei es als mittlerweile teurer Oldtimer T1 oder als sportliche neue T6-Version. Der Inbegriff von Freiheit ist definitiv der erfolgreichste und bekannteste Minitransporter aller Zeiten, deshalb hat er sich den Platz in diesem Buch mehr als verdient. Die tiefere Recherche überlassen wir diesmal jedoch euch, denn es gibt unfassbar viele Bücher, Internet-Einträge, Fanclubs, Foren und Facebookgruppen zum »Bulli«. **Für Bastler und Oldtimerfans empfehlen wir den T3-Bus, den T4 für die Vanneulinge mit Schraubererfahrung und den T5 für den perfekten, aber kleinen Ausbau und als Start ins Campingleben.** Bei allen genannten Modellen sind die geringen Abmaße bei maximaler Raumnutzung ausschlaggebend für diejenigen unter euch mit geringem Platzbedürfnis und minimalen Wünschen. Wer bequem und luxuriös unterwegs sein möchte, setzt auf den neuen T6 mit Vollausstattung. Falls ihr feststellt, dass der Selbstausbau doch nicht euer Ding ist, und ihr direkt losfahren möchtet, können wir euch die California-Versionen der jeweiligen Transporter ans Herz legen.

Der VW T5 in der Transporterreihe von Volkswagen

CITROËN BERLINGO, OPEL COMBO, FORD TOURNEO UND VOLKSWAGEN CADDY

Vor allem bei Vanlife-Anfängern sind Minicamper zu Recht sehr beliebt. Kleiner als ein Transporter, größer als ein Pkw – und ultraflexibel für den Alltag. Minicamper sind nicht nur tiefgaragentauglich und spritzig unterwegs, sondern dabei auch noch sparsam. Allerdings ist es nicht immer einfach, auf solch kleinem Raum einen funktionierenden Camper zu bauen. Aber auch, wenn er nur spartanisch mit Bett und kleiner Küche ausgestattet ist, sind der Freiheit keine Grenzen mehr gesetzt. Ob Wanderparkplatz oder Festival – nichts ist dann mehr vor euch sicher. Falls ihr euch in diesem Segment wohlfühlt, schaut am besten bei diversen Fahrzeugherstellern vorbei, um euer Modell zu finden. Denn mittlerweile gibt es Hochdachkombis wie Sand am Meer.

»Hundefänger« oder »Elefantenturnschuh« – in unserem Beispiel der Opel Combo

Wahre Hingucker in der Vanlifeszene: VW T3 und T2

OLDTIMER

Ob Mercedes »Düdo« oder VW T2, natürlich sind auch Oldtimer eine beliebte Basis für den Vanausbau. Alles, was älter als 30 Jahre ist, bekommt heutzutage die beliebte H-Zulassung und damit einige Vergünstigungen. Je nach Zustand kann man auch bei älteren Fahrzeugen wahre Schnäppchen machen. Doch natürlich sind Oldtimer vor allem etwas für Enthusiasten und Liebhaber. Denn nicht selten fehlt es an Reisekomfort, ausreichend Geschwindigkeit und auch die Lautstärke des Fahrzeugs ist während der Fahrt nicht zu unterschätzen. **Doch einfache Technik und gute Ersatzteilversorgung weltweit machen die Vans aus den 1960er- und 1970er-Jahren zu echten Alternativen.** Für solche Projekte empfiehlt sich immer der enge Kontakt zum TÜV-Prüfer seines Vertrauens und natürlich zu diversen Kraftfahrzeug-Clubs aus der Szene des jeweiligen Modells.

Welche Quellen eignen sich für die Suche?

Die aus unserer Sicht besten Plattformen, um einen Gebrauchtwagen zu kaufen, sind nach wie vor mobile.de und autoscout24.de, wobei Erstere bei vielen Tests bezüglich der Suchergebnisse und Anzeigenumfang die Nase vorn hat.

Schaut euch grundsätzlich zunächst bei Gebrauchtwagenhändlern um. Hier sind die Preise meist ein bisschen höher als bei Privatanbietern, aber durch die Sachmängelhaftung seid ihr beim Fahrzeugkauf abgesichert. Während der Probefahrt empfiehlt sich nach vorheriger Absprache der Besuch einer TÜV-Station. Diese bieten für kleines Geld die Bewertung von Gebrauchtwagen an. Damit geht ihr auf »Nummer sicher« und könnt vielleicht kleine Mängel mit in die Verhandlung aufnehmen. Darüber hinaus kann euch ein befreundeter Kfz-Mechaniker bei der Fahrzeugsuche unterstützen. Anzeigen genau zu studieren, hilft Fehler zu vermeiden. Also lasst euch Zeit, checkt auch mal das Kleingedruckte und habt ein genaues Auge auf die Fotos des Inserates. Lieber dreimal prüfen, als vor Ort das beschriebene Fahrzeug nicht so vorzufinden, wie man es sich vorgestellt hat.

Busbastler-Tipp: Auf unserer Website **busbastler.de** bieten wir unter anderem Kaufberatungen an. Christian ist Kfz-Mechaniker und begleitet euch von der Suche bis zum Kauf. Im gemeinsamen Beratungsgespräch findet er die für euch ideale Art des Basisfahrzeugs, erläutert, was der Markt hergibt, und gibt euch Tipps und Tricks für die Suche mit auf den Weg.

Bild links: Sprinter und Crafter im Gelände beim Busbastler-Offroad-Workshop

Checkliste für die Fahrzeugsuche

Wie fängt man also mit der Suche an? Anhand der folgenden Fragen könnt ihr euch ein konkretes Bild von eurem perfekten Basisfahrzeug machen oder Fahrzeuge, die ihr ins Auge gefasst habt, auf eure persönlichen Anforderungen prüfen:

HARD FACTS

> Wie hoch ist mein Budget?
> Welchen Führerschein habe ich?
> Wie viele Personen sollen mitreisen?

TECHNIK

> Welche Motorisierung bevorzuge ich?
> Brauche oder möchte ich ein Allradfahrzeug haben?
> Soll es ein Schalt- oder Automatikgetriebe sein?

BEDÜRFNISSE

> Wie werde ich mit dem Fahrzeug reisen?
(Wochenendcamper oder Weltreise?)
> Soll das Fahrzeug alltagstauglich sein?
(Parkplatzsituation, Arbeitsweg, Garage etc.)
> Benötige ich eine Nasszelle?
(Dusche oder einfaches WC?)
> Ist mir Stehhöhe wichtig? Möchte ich im Fahrzeug stehen können?
Und wenn ja, bei welcher Körpergröße?
> Wie wichtig ist mir das Design des Fahrzeugs?

> Welche dieser Aspekte haben für mich persönlich Priorität?
Wo kann und möchte ich im Zweifelsfall Abstriche machen?

Checkliste für den Fahrzeugkauf

Was ist beim Besuch des Fahrzeughändlers zu beachten? Mit den folgenden Bedingungen könnt ihr – basierend auf euren persönlichen Anforderungen – individuell checken, ob das jeweilige Fahrzeug für den Kauf in Frage kommt:

- [ ] Das Inserat stimmt mit dem Fahrzeug vor Ort überein.
- [ ] Es ist ein gepflegtes Checkheft vorhanden.
- [ ] Das Fahrzeug hat TÜV.
- [ ] Fahrzeugbrief und Gebrauchtwagendokumentation sind vorhanden.
- [ ] Der Händler sichert mir Garantieleistungen zu.
- [ ] Die Reifen sind nicht älter als 6 Jahre.
- [ ] Es sind keine größeren Schäden sichtbar.
- [ ] Es ist kein Öl- oder Kühlflüssigkeitsverlust sichtbar.
- [ ] Der Unterboden weist keine größeren Rostschäden auf.
- [ ] Alle elektronischen Fahrzeugeinrichtungen funktionieren. (Fensterheber, Lüftung, Zentralverriegelung, Radio, Leseleuchten etc.)
- [ ] Die Probefahrt verlief ohne auffällige Geräusche oder Ungereimtheiten.
- [ ] Der Händler macht einen seriösen Eindruck und beantwortet sämtliche Fragen freundlich und bereitwillig.

PERSÖNLICHE BEDINGUNGEN:

- [ ]
- [ ]
- [ ]

–02– Bevor der Ausbau beginnt

Was gibt es zu beachten?

Kurz nach der Aufnahme dieses Fotos ist Stefan die Schiebetür aus dem Renault Master gefallen.

DIE TECHNIK DES VANS

Es ist so weit: Ihr habt einen guten Preis aushandeln können, euer Van steht vor der Tür und ihr könnt es kaum erwarten, mit dem Ausbau zu beginnen. An diesem Punkt müssen wir euch leider ein wenig einbremsen. **Nun stehen vor allem die Technik und der Zustand des Fahrzeugs im Vordergrund.** Gibt es doch ein paar Rostecken? Sind die Reifen noch gut? Wann war die letzte Inspektion? All das sind elementar wichtige Fragen, die ihr vor dem Ausbau überprüfen und beantworten solltet. Denn mit dem Ausbau beginnt auch eine größere finanzielle Ausgabe, bei der die Sicherheit des Fahrzeugs nicht vernachlässigt werden sollte. Was gibt es Schlimmeres, als vor der ersten Reise festzustellen, dass größere Mängel auf euch warten, die euch am Losfahren hindern?

Hier folgt eine kleine Übersicht der wichtigsten Dinge, die ihr unbedingt erledigen solltet, bevor der Ausbau beginnt:

- Sind Inspektionen / Ölwechsel erforderlich? Zahnriemen, diverse Filter und Verschleißteile prüfen
- Zustand der Bremsen und Funktionsweise der Handbremse prüfen
- Kupplungs- und Getriebezustand prüfen, evtl. Ölwechsel vornehmen
- Räder und Reifen prüfen (Alter, Profiltiefe und Beschädigungen)
- Lichttechnische Einrichtung prüfen (Licht, Standlicht, Scheinwerfer, Rückleuchten)
- Fälligkeit des TÜVs prüfen
- Äußerlichen Zustand prüfen (ggf. Rost und Schäden beseitigen)
- Unterboden und Unterbodenschutz prüfen (ggf. nachbessern)

Vor allem die Prüfung der technischen Sicherheitseinrichtungen wie Bremsen und Achsen solltet ihr von einer Fachwerkstatt erledigen lassen. Wer selbst Hand anlegen möchte, kann sich bei Bedarf in Mietwerkstätten Unterstützung vom Profi holen.

Ein Blick ins Serviceheft verrät viel über den Pflegezustand des Gebrauchtfahrzeugs.

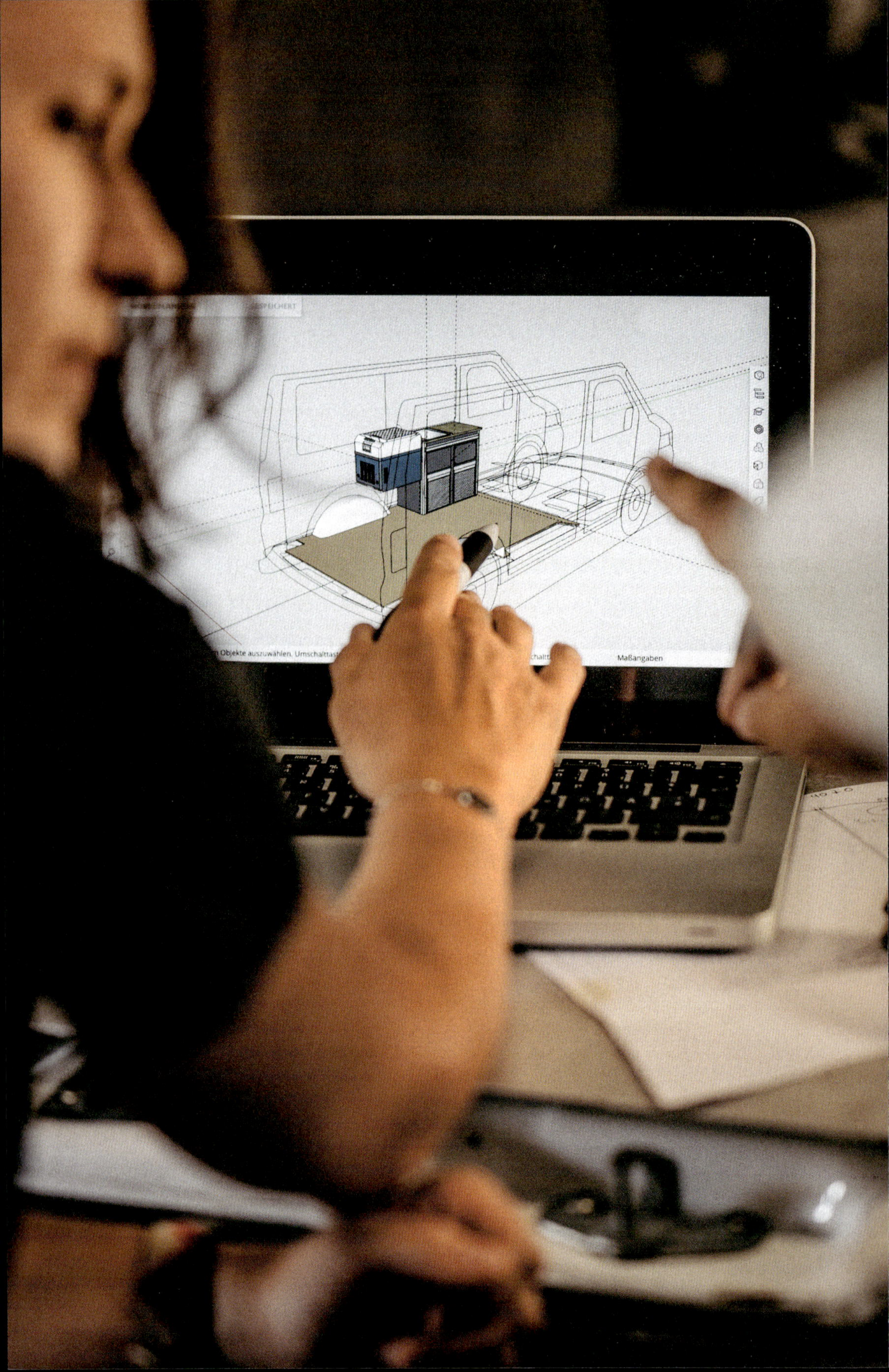
Objekte auszuwählen.
Maßangaben

DIE PLANUNG

Jetzt aber: Euer Fahrzeug ist im technisch einwandfreien Zustand und wartet auf seinen Ausbau. Ihr wisst aber nicht genau, wie und wo ihr anfangen sollt? Macht euch zunächst eine Liste mit den Punkten, die euch beim Ausbau wichtig sind. Wo sollen Fenster platziert werden? Wird es Drehsitze geben? Soll eine Dusche verbaut werden? All diese Anforderungen setzen gewisse Arbeitsschritte voraus, die ihr nicht außer Acht lassen solltet. Und so entsteht langsam, aber sicher ein Überblick über eure Bedürfnisse.

Bei der konkreten Planung helfen euch kleine Tools, die ganz simpel oder auch sehr komplex sein können. **Die einfachste Methode ist sicherlich das maßstabsgetreue Skizzieren auf Papier. Hierbei übertragt ihr die Grundmaße eures Vaninnenraumes auf Millimeterpapier und könnt so nach und nach Größe und Position der Möbel und Einbauten bestimmen.** Alternativ könnt ihr direkt im Van eine erste Möbelplanung vornehmen. Markiert dazu die Positionen der Möbel auf dem Boden mittels Klebeband oder Malerkrepp. So bekommt ihr schnell einen Eindruck von eurem zukünftigen Innenraum. Wer genug Pappe oder Kartons besitzt, kann die Möbel sogar grob vorbauen und im Van positionieren. Das hat den großen Vorteil, dass ihr dreidimensional plant und gleich ein besseres Raumgefühl bekommt.

Apropos dreidimensional: Für die digital versierten unter euch gibt es mittlerweile viele, meist zahlungspflichtige Planungstools fürs Smartphone oder den Rechner. Damit könnt ihr euren Van komplett maßstabsgetreu abbilden und einrichten. Eine exakte 3-D-Ansicht ermöglicht euch dann, den Van virtuell zu begehen und zu schauen, wie ihr den Innenraum gestalten wollt. Auch die Position der Fenster lässt sich relativ schnell in eurem Modell veranschaulichen. Und selbst die Farben für Möbel, Wände und den Boden lassen sich vorab visualisieren. Um solche Programme zu finden, googelt nach: Van, CAD, Vanconversion, Planer, 3-D-Planer etc.

Bild links: Mittels 3-D-Software können Ideen räumlich visualisiert werden.

DAS BUDGET

Schon während dieser Planung lohnt es sich, Preise rauszusuchen und zu vergleichen. Viele Produkte wie Fenster, Heizung, Drehsitzkonsolen usw. könnt ihr nicht selbst bauen, sondern ihr müsst diese bei diversen Anbietern einkaufen. So könnt ihr noch vor dem Ausbau schauen, welche Dinge ihr bei welchen Händlern kauft, um die entsprechenden Kosten in die Budgetplanung zu integrieren. Was kauft man neu, und was kann man gebraucht bekommen? Diese Frage hilft euch dabei, eine Prioritätenliste zu erstellen und die Ausbaukosten von Beginn an im Blick zu behalten. Legt euch von Anfang an einen kleinen Puffer für unerwartete Ausgaben beiseite. **Ein Samstagseinkauf im Baumarkt, weil man keinen Kleber oder keine Schrauben mehr hat, kann schnell sehr teuer werden.** Das Budget vorher hundertprozentig festzulegen, ist schwierig, also plant ein bisschen mehr ein. Wenn im Endeffekt Geld übrig bleibt, ist das dann umso besser für die Urlaubskasse.

DER ZEITPLAN

Sich einen groben Zeitplan zur Fertigstellung des Vans zu setzen, ist grundsätzlich nicht verkehrt. Allerdings zeigt die Erfahrung, dass oft unvorhergesehene Probleme auftreten können, die dann zu Verzögerungen führen. Ein Bauteil fehlt, ihr habt das falsche Fenster bestellt, die ausgerechnete Menge an Dämmmaterial reicht nicht aus – all das kann euren Zeitplan in Nullkommanichts durcheinanderbringen. Also seid bei der zeitlichen Planung lieber großzügig, um Frustrationen zu vermeiden.

Für viele ein Luxus: Ein trockener Stellplatz für den Ausbau

BRAUCHE ICH HILFE?

Bedenkt von Beginn an, welche Kompetenzen ihr persönlich habt, und welche ihr euch von außen dazuholen müsst. Möglicherweise gibt es Dinge, die ihr beim Ausbauen nicht in Eigenregie umsetzen könnt. Traut ihr euch die Elektrik oder den Möbelbau selbst zu? Hört euch im Zweifelsfall in eurem Bekannten- oder Freundeskreis um, wer euch mit welcher Expertise zur Seite stehen kann. **Vielleicht kennt ihr einen Tischler oder einen Kfz-Mechaniker oder sogar eine Firma, die euch beim Ausbau unterstützen kann.** Doch nicht nur im eigenen Dunstkreis könnt ihr euch auf die Suche nach Expertenwissen machen. Die Social-Media-Plattformen wie Facebook oder Instagram sind voll mit dem Wissen von Menschen aus der Vanlife-Community, die alles schon mal gemacht haben, was ihr vorhabt.

Unsere Teilnehmer lernen im Kfz-Workshop ihre Fahrzeuge kennen.

Busbastler-Tipp: Schaut mal bei der Busbastler Academy vorbei! Hier bieten wir Workshops zu vielen Ausbauthemen an. Ob Möbelbau, Elektrik oder Kfz-Technik – in jedem dieser Workshops könnt ihr euch Wissen aneignen und in eurem Ausbau anwenden.

SCHRITT FÜR SCHRITT

Bedenkt immer, dass so ein Vanausbau bestimmte Arbeitsschritte voraussetzt, die ihr einhalten müsst. Was macht man zuerst? Was baut darauf auf? Das Auto komplett zu dämmen und dann die Fenster einzubauen, ist sicherlich nicht sinnvoll. Also überlegt euch genau, was ihr wann und wo macht, um auch eure Bestellungen daraufhin abzustimmen. Denn was bringt euch der PVC-Bodenbelag, wenn die Bodenplatte noch nicht fertig ist?

DER TÜV

Ja, ihr solltet schon in diesem Stadium den TÜV-Prüfer über euer Vorhaben informieren. Denn wenn euer Camper fertig ist, muss dieser zwingend zur Wohnmobil-Abnahme, da das umgebaute Fahrzeug nicht mehr seiner eigentlichen Bestimmung entspricht. Die vorgenommenen Änderungen müssen bei der Steuer, der Versicherung und der Zulassungsstelle angegeben werden. **Also, fahrt zum TÜV-Prüfer in eurer Nähe (auch GTÜ oder KÜS dürfen mittlerweile Abnahmen an Fahrzeugen durchführen) und stellt euch, euer Fahrzeug und euer Vorhaben einfach mal vor.** Das schafft Vertrauen, und ihr könnt euch wichtige Informationen holen, die ihr benötigt, um euer Wohnmobil später als solches abnehmen zu lassen. Ihr werdet sehen: Der frühe Kontakt zur Prüfstelle erspart euch später einen Haufen Ärger und Probleme.

HABT SPASS!

Bereitet euch vor auf blutige Finger, nervige Bauteile und Verzögerungen auf allen Ebenen! So ein Projekt kann sehr anstrengend und nervenzerreißend sein. Aber vergesst dabei niemals euer Ziel, und denkt immer an die zukünftigen Reisen mit eurem selbst ausgebauten Reisemobil. Wir können euch aus Erfahrung sagen, dass es nichts Schöneres gibt, als am Strand zu stehen, in seinen eigens dafür ausgebauten Van zu steigen und jede Schraube und Dichtnaht mit Vornamen zu kennen.

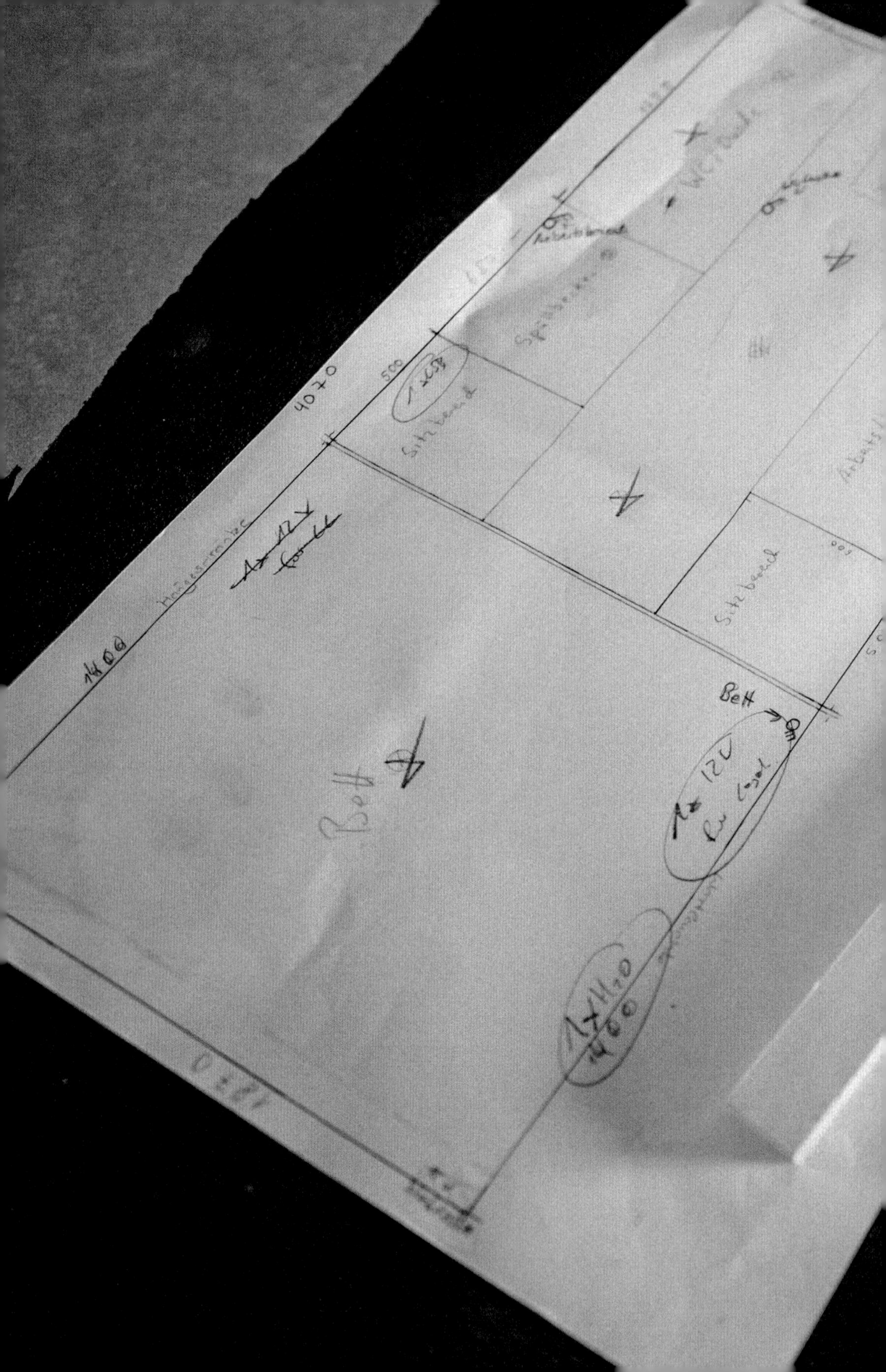
4070
500
1400
Sitzbank
Sitzbank
Bett
Bett

–03–
Grundriss

Die Aufteilung ist das A und O!

Bevor wir mit dem Ausbau loslegen können, gilt es erst mal zu überlegen, wie das fahrende Zuhause aufgeteilt werden soll. Dazu spielen neben der Größe des Fahrzeugs viele weitere Faktoren eine Rolle.

Es gibt »etablierte« Grundrisse, die sich sowohl bei individuellen als auch bei Serienfahrzeugen immer wieder finden. Das hat natürlich seinen Grund, worauf wir noch genauer eingehen werden.

Natürlich möchte jeder Selbstausbauer das einzigartige und nie dagewesene Konzept entwickeln, aber wenn man nicht zufällig von einem grandiosen Geistesblitz getroffen wird, dürfte das Rad kaum neu erfunden werden. Es geht ja in den meisten Fällen nicht um den ganz großen Wurf, sondern eher um die vielen kleinen, individuellen Details, die das Leben unterwegs und im eigenen Van entspannter und angenehmer machen. Dennoch gibt es bei den Grundrissen natürlich sehr große Unterschiede, die einen erheblichen Einfluss darauf haben, wie man sich im Camper bewegt und ob man sich darin wohlfühlt.

Out of the box: Ein Aufstelldach bietet die Möglichkeit, Schlafplätze »außerhalb« des Vans zu nutzen.

DIE BASICS

Die erste Frage ist die nach der Anzahl der Personen, die zukünftig mit dem Fahrzeug unterwegs sein sollen. So viel sei vorab gesagt: Bei vier oder mehr Menschen wird es enorm sportlich, kompliziert und umständlich, sodass wir hier auch immer wieder mal den Blick auf den Gebrauchtwagenmarkt der fertig ausgebauten Fahrzeuge empfehlen. Vor allem das Nachrüsten von eingetragenen Sitzmöglichkeiten für die Nutzung während der Fahrt ist nicht gerade die leichteste Übung. Mehr dazu könnt ihr im Kapitel »Wohnmobilzulassung« nachlesen. Neben den Sitz- sind natürlich auch die Schlafplätze wichtig. Während auf Campingplätzen entspannt mit (Vor-)Zelten für zusätzlichen Schlafraum gesorgt werden kann, bieten Stockbetten, Hoch- und Aufstelldächer sowie Dachzelte kompaktere Lösungsansätze, die auch das Übernachten auf einem asphaltierten Wohnmobilstellplatz komfortabel möglich machen. **Zusätzlich zur Personenanzahl spielt natürlich auch die der tierischen Mitreisenden eine Rolle.** Ob Hund, Katze oder Maus – auch diese Gefährten sollten einen sicheren Platz im Fahrzeug haben.

Die zweite essenzielle Frage ist die nach der hauptsächlichen Nutzung des Fahrzeugs. Seid ihr damit sehr lange und möglichst autark unterwegs oder doch nur gelegentlich im Sommer und auf Campingplätzen? Habt ihr ggf. sperriges Gepäck wie Surfboards oder Fahrräder dabei, oder braucht ihr das Fahrzeug im Alltag möglicherweise als Transportesel?

FULLTIME VS. FREIZEIT

Die Anforderungen an das rollende Heim sind je nach Nutzung sehr unterschiedlich. Während es im Freizeitbereich hauptsächlich darum geht, von A nach B zu kommen und alles – inklusive einer unkomplizierten Schlafgelegenheit – dabeizuhaben, braucht es für die Fulltime-Variante etwas mehr Infrastruktur innerhalb der eigenen vier Blechwände. Das fängt beim Stauraum an und hört bei der Wasserversorgung noch lange nicht auf.

Mit »Fulltime« ist im Übrigen gemeint, dass das Fahrzeug jederzeit für eine unbestimmte Dauer als einziger »Wohnort« genutzt wird. Ob das nun Jahre oder nur ein paar Monate sind, spielt dabei eine weniger große Rolle.

Eine klare Empfehlung für den ersten Ausbau lautet: »Keep it simple!« Selbst wenn ihr plant, euren festen Wohnsitz aufzugeben und in euer Fahrzeug einzuziehen, startet erst einmal mit dem Nötigsten. Oftmals macht man sich viel zu viele Gedanken, stellt sich Dinge völlig anders vor, als sie dann in der Realität sind, und fängt dann sehr wahrscheinlich relativ schnell wieder von vorne an.

Deshalb, bevor ihr euch mit viel zu viel Theorie beschäftigt: Packt alles, was ihr zu brauchen glaubt, in irgendwelche Kisten, werft eine Matratze – vielleicht mit einem ganz einfachen Bettgestell – hinten rein und fahrt los. Gern auch erst mal allein oder zu zweit, und dann schaut einfach, was euch nervt. Zu wissen, was man nicht will, ist nämlich meist sehr viel wichtiger, als sich zu überlegen, was man gerne hätte.

So stellt sich bei vielen beispielsweise heraus, dass es total nervig ist, das Bett jeden Tag auf- und abzubauen. Oder man merkt, dass es eigentlich gar nicht nötig ist, eine Dusche ins Fahrzeug zu bauen, weil man auch anderweitig ganz gute Möglichkeiten für die Körperhygiene findet. Dazu dann mehr im Kapitel »Wasser & Bad«.

Wenn ihr euer Fahrzeug nur im Freizeitbereich bewegt, dann macht es das Leben und den Umbau auf jeden Fall viel einfacher und übersichtlicher. Denn, sind wir mal ehrlich zu uns selbst: **So sehr wir das Innenleben unseres Vans gerne gestalten würden wie die tollen Bilder in den sozialen Medien, am Ende werden wir doch die meiste Zeit draußen verbringen.** Deshalb reicht es eigentlich völlig aus, wenn der Ausbau möglichst funktional ist. Gut organisierter Stauraum, eine Küche, die man draußen nutzen kann, ein paar Campingmöbel, ggf. ein Sonnenschutz und fertig. Wenn das Wetter nicht mitspielt, wechselt man eben den Ort und fährt dahin, wo es zumindest nicht andauernd regnet.

Selbst für die Vollzeit-Variante braucht es eigentlich nicht viel mehr. Hier können wir es aber durchaus verstehen, wenn man sich mit etwas Komfort umgeben möchte. Dazu gehören eine gemütliche Sitzgelegenheit für Tage mit schlechtem Wetter, ausreichend Energie und Wasser sowie gut organisierter Stauraum, denn nichts ist nerviger als Unordnung. Alles braucht seinen festen Platz, sonst verliert man schnell die Lust am minimalistischen Lebensstil.

Die klassischen Grundrisse

Die möglichen Szenarien sind quasi unendlich. Wir werden euch keine Empfehlung abgeben, welchen Grundriss ihr wählen solltet, sondern einfach beschreiben, welche Möglichkeiten es gibt und was sich daran ggf. bewährt hat.

In jedem Fall solltet ihr die Option einer »Querschläfer«-Lösung in Betracht ziehen. Wenn eure Körpergröße und die Maße des Fahrzeugs insofern harmonieren, dass ihr euer Bett quer ins Fahrzeug bekommt, könnt ihr ordentlich Platz sparen. Wenn das Bett komfortable 1,40 Meter breit ist, spart ihr im Vergleich zu einer längs verbauten, 2 Meter langen Liegefläche satte 60 Zentimeter, die sich sehr gut für andere Einbauten nutzen lassen. Wenn es an ein paar Zentimetern Fahrzeugbreite scheitert, gibt es auf dem Markt sogenannte Flares (Fahrzeugverbreiterungen), die das Querschlafen dennoch ermöglichen.

Wenn ihr nicht allein unterwegs seid, bedeutet die »Querschläfer«-Lösung aber auch, dass einer immer irgendwie über den anderen drüberklettern muss. Ob euch dieser Umstand das Plus an Platz wert ist, müsst ihr für euch selbst entscheiden.

Der Grundriss sollte an die individuellen Bedürfnisse angepasst sein.

Für viele vermutlich die »Einstiegsdroge«: Ein VW-Bus oder vergleichbare Fabrikate anderer Hersteller sind nicht viel größer als ein normales Auto und bieten entspannt Platz für zwei Erwachsene, die gelegentlich mal raus in die Natur und dann auch im Fahrzeug übernachten möchten. Eine umklappbare Rücksitzbank, ein Gaskartuschenkocher, ein paar Euroboxen, in denen das Gepäck verstaut wird, und schon kann es losgehen.

Hier ist der Grundriss also recht einfach, da der Raum auch nicht wesentlich mehr hergibt. Das Bett ist tagsüber gleichzeitig auch die Sitzgelegenheit, der Wohnraum lässt sich durch drehbare Fahrer- und Beifahrersitze sinnvoll erweitern, sodass man auch zu viert Platz in einem relativ kleinen Fahrzeug findet. Bei den Schlafgelegenheiten lässt sich die umgeklappte Sitzbank, die für zwei Personen im Normalfall genug Platz bietet, um ein Aufstelldach oder ein Dachzelt für weitere Personen erweitern.

Bei der Küche gibt es im Wesentlichen zwei Optionen: Entweder sie ist im Fahrzeug verbaut, was häufig bei Fahrzeugen mit Hoch- oder Aufstelldach der Fall ist, oder sie befindet sich zum Beispiel auf einem Schwerlastauszug, quasi in einer großen Schublade im Heck unter dem Bett. Bei Bedarf wird die Heckklappe geöffnet und die Küche herausgezogen. Vorteil: Man ist draußen, hat durch die Heckklappe aber trotzdem ein »Dach über dem Kopf«. Nachteil: Man ist draußen. Also ist auch hier wieder wichtig, vorab zu entscheiden, ob das Fahrzeug eher im Sommer und bei schönem Wetter zum Camping-Einsatz kommt oder doch auch im Winter und bei schlechtem Wetter. In letzterem Fall ist zumindest eine Waschmöglichkeit im Inneren des Fahrzeugs zu empfehlen, denn bei eisigem Wind, Schneetreiben oder Starkregen die Heckklappe zu öffnen, um sich die Zähne zu putzen, ist echt ungemütlich.

Der begrenzte Raum, den ein Campingbus bietet, lässt sich sehr einfach vergrößern, indem zum Beispiel über der Schiebetür eine Markise oder ein Tarp aufgespannt wird. Darüber hinaus gibt es Zelte, die man über die geöffnete Heckklappe werfen kann. Hier gilt es allerdings zu bedenken, dass die Heckklappe offenbleiben muss, bis man das Zelt wieder abbauen möchte. Unserer Erfahrung nach ist das auch eher eine Sommeroption für den Campingplatz mit vertrauenswürdigen Nachbarn, an dem man es sich für ein paar Tage einrichtet.

Bild rechts: Stauraum auf kleinster Fläche im VW T5 inklusive Sitz-Schlafplatz-Kombination

DER KASTEN-KLASSIKER

Der aktuell wohl am häufigsten angewandte Grundriss ist die Variante mit einem festen Bett im Heck des Fahrzeugs, unter dem eine große »Heckgarage« allerhand Gepäck sowie die Fahrzeugtechnik beherbergt.

Die Küchenzeile befindet sich bei diesem Schnitt meist direkt an der Schiebetür, um diese während des Kochens öffnen zu können. Die Sitzgelegenheit wird häufig demgegenüber platziert – oftmals auch unter Einbeziehung der Fahrer- und Beifahrersitze. Bei Fahrzeugen mit mehr Ladefläche sind auch größere Sitzecken möglich.

Alternativ dazu sieht man vor allem bei langen Fahrzeugen häufig, dass die Küche hinter der verbleibenden Trennwand quer zur Fahrtrichtung verbaut wird. Ein alternatives Konzept für die Sitzecke ist die Variante mit einem Ausziehtisch unter dem Bett. Hier werden die Sitzgelegenheiten quer zur Fahrtrichtung platziert. Der Tisch ist im Alltag mit einem Auszug unter dem Bett verstaut und wird bei Bedarf einfach nur ausgezogen. Eine sehr schöne und platzsparende Variante.

Ist man mit Kids im Kastenwagen unterwegs, kann man diese bis zu einer gewissen Größe zum Schlafen auch auf einer Konstruktion unterbringen, die auf dem Fahrer- und Beifahrersitz ruht. Klappbare Stockbetten sind ebenfalls sehr beliebt. Auch eine Überlegung wert – zumindest für kleine Kinder – ist ein ausziehbares Bett auf arretierbaren Schwerlastauszügen. So lässt sich das Bett tagsüber einfach aus dem Weg räumen und bei Bedarf unter dem elterlichen Bett hervorziehen. Weiterer Vorteil: Wenn das Bett für den Nachwuchs zu klein wird, bleibt eine zusätzliche Schublade mit Stauraum.

Natürlich könnte man das Ganze auch »auf links drehen«, also das Bett an der Schiebetür positionieren und den Ein- und Ausgang über die Hecktüren lösen. Allerdings hat die Schiebetür den Vorteil, dass sie im offenen Zustand eine große Öffnung zum Innenraum darstellt und so zusätzlich für viel Luft und Blick ins Freie sorgt.

Bild links: Das Heckfestbett ist Bestandteil eines sehr beliebten Kastenwagengrundrisses.

Auszüge ermöglichen ein schnelles und unkompliziertes Beladen des Stauraums.

DAS STAURAUMWUNDER

Das größte Argument für einen individuellen Grundriss ist sicherlich der besondere Platzbedarf, den beispielsweise die eigenen Hobbys mit sich bringen. Ein Set an Fahrrädern für die ganze Familie, das Motorrad oder eine ganze Auswahl an unterschiedlichen Surfboards finden bei Bedarf in einem Kastenwagen spielend Platz, wenn man bereit ist, gewisse Kompromisse einzugehen.

Betten mit Klappmechanismen, selbst konstruierte Lattenroste, die sich ineinanderschieben lassen, oder immer häufiger auch Bettgestelle, die sich bis unter die Decke kurbeln lassen, sind gern gesehene Lösungen. Kaum zu glauben, aber wahr: Es gibt Leute, die sogar Ponys oder Esel in ihrem Van dabeihaben.

Der Zugewinn an Stauraum geht jedoch oftmals zulasten des Schlafbereichs. Das bedeutet, dass entweder nur sehr wenig »Luft« über dem Bett bleibt, also das aufrechte Sitzen auf dem Bett unter Umständen nicht mehr möglich ist, oder aber die Ladung muss sogar komplett aus dem Fahrzeug weichen, um das Bett nutzen zu können. Ihr merkt: Auch hier ist es eigentlich wieder eine Frage der Art und Weise, wie man das Fahrzeug nutzt.

Wird beispielsweise das Bett zur Seite geklappt, um ein Motorrad transportieren zu können, wird das Motorrad über Nacht nach draußen befördert werden müssen. Falls man jeden Tag an einem anderen Ort ist, wird das vermutlich schnell nervig. Wenn man sich aber für ein paar Tage auf einem Campingplatz eingerichtet hat, um von dort aus Tagestouren zu unternehmen, dann ist das durchaus eine sinnvolle Lösung.

Apropos Motorradtransport: Bitte behaltet im Hinterkopf, dass das Benzin im Tank des Motorrades durch das Gewackel bei der Fahrt stark durchgeschüttelt wird, was das Ausgasen begünstigt. Deshalb ist der Transport nur mit geschlossener Trennwand zu empfehlen, da ihr sonst sehr schnell in einer Benzinwolke sitzt, die für Kopfschmerzen sorgt. Das gilt natürlich für den Transport aller Geräte, die einen nicht luftdichten Tank verbaut haben.

DER BESTE GRUNDRISS

Der für euch beste Grundriss wird sich vermutlich erst im Laufe der Zeit herauskristallisieren. Wie bereits geschrieben, ist es deshalb sinnvoll, eher mit einfachen Mitteln und ohne großen Schnickschnack anzufangen. Auch hier ist unser Tipp: **Besucht Vanlife-Treffen, sprecht mit Gleichgesinnten, die ihr Fahrzeug ähnlich nutzen, wie ihr es vorhabt, und lasst euch von deren Erfahrungen inspirieren.** Aber Vorsicht: Nur weil sich die Art zu reisen gleicht, heißt das nicht, dass auch die Vorlieben dieselben sind. Also fokussiert euch nicht nur auf den Ausbau selbst, sondern auch auf die Personen. Wenn ihr jemanden findet, der ähnlich tickt wie ihr selbst und zudem ein vergleichbares Reiseprofil hat, dann habt ihr eine gute Grundlage, um eurem perfekten Grundriss bei langen Gesprächen am Lagerfeuer Stück für Stück näher zu kommen.

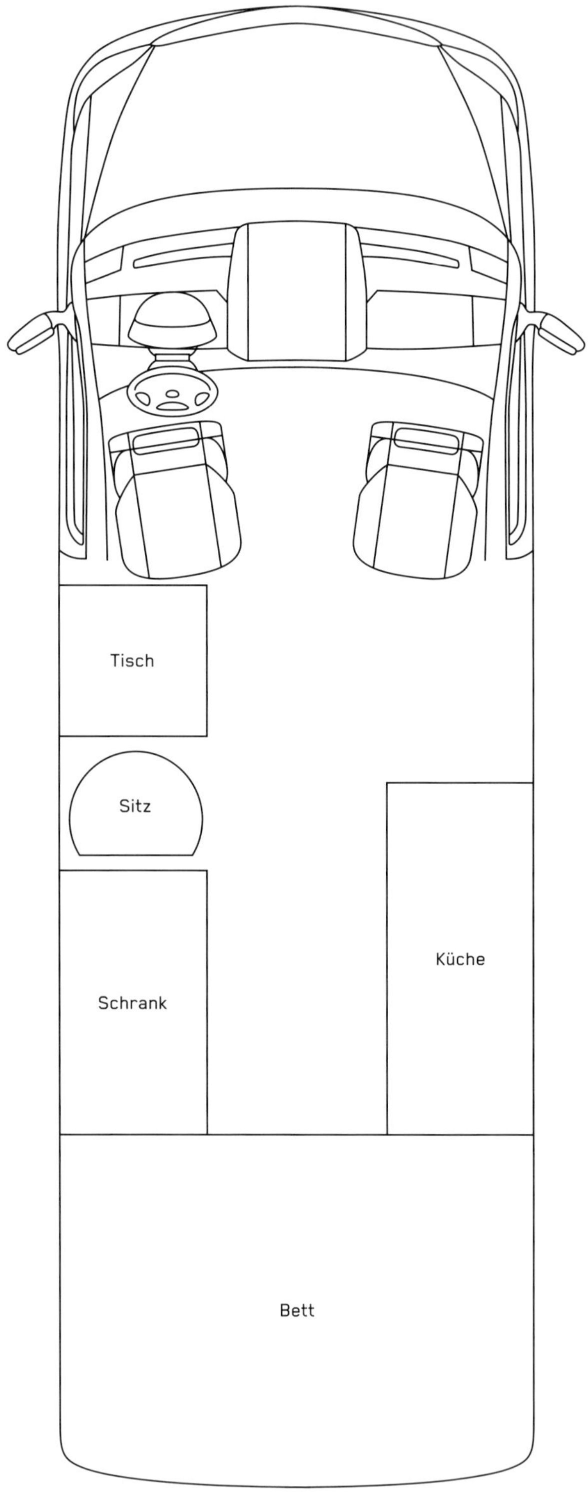

BEISPIEL 1:

Unser erstes Grundriss-Beispiel zeigt einen beliebten Aufbau im Kastenwagenbereich sowie bei professionellen Ausbauern. Durch das integrierte Fahrerhaus mit drehbaren Sitzen ist dieser Grundriss besonders platzsparend und bietet ein großzügiges Raumgefühl. Üblicherweise, und wenn es die Körpergröße der Insassen erlaubt, wird hierbei ein Querschläferbett verbaut, je nach Fahrzeuglänge ist natürlich auch ein Längsbett eine Option.

Besonderheit: Die Küchenzeile befindet sich zur Hälfte in der Schiebetür, dadurch ist es möglich, gut belüftet zu kochen.

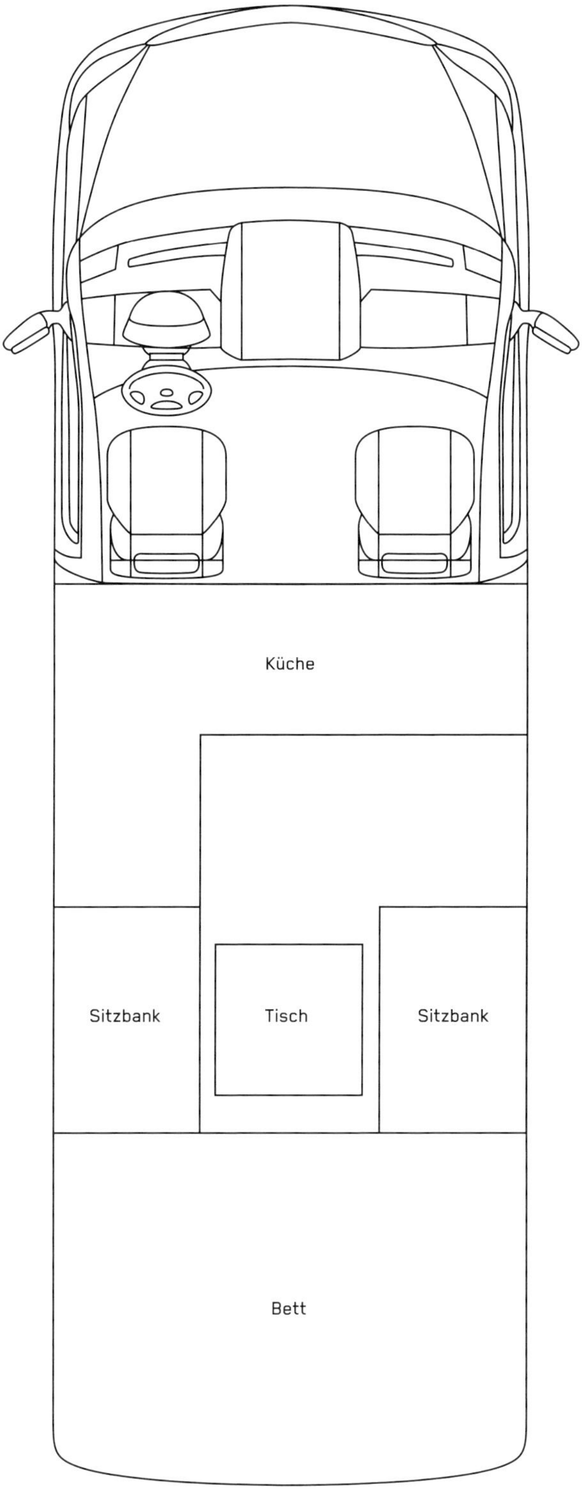

BEISPIEL 2:

Im Vergleich zu Beispiel 1 ist der wesentliche Unterschied bei diesem Grundriss die Trennwand hinter dem Fahrerhaus, die es ermöglicht, eine verhältnismäßig große Küchenzeile zu verbauen. Sitzgelegenheiten befinden sich demnach im hinteren Bereich des Fahrzeugs, hinter der Schiebetür. Auch hier ist je nach Fahrzeuglänge ein Quer- oder Längsbett realisierbar.

Besonderheit: Durch die Abtrennung des Fahrerhauses werden keine Einzeldrehsitze benötigt. Eine Doppelsitzbank kann, sofern vorhanden, bestehen bleiben, sodass mehrere Personen mitreisen können, ohne dass zusätzliche zulassungspflichtige Sitze im Wohnbereich verbaut werden müssen.

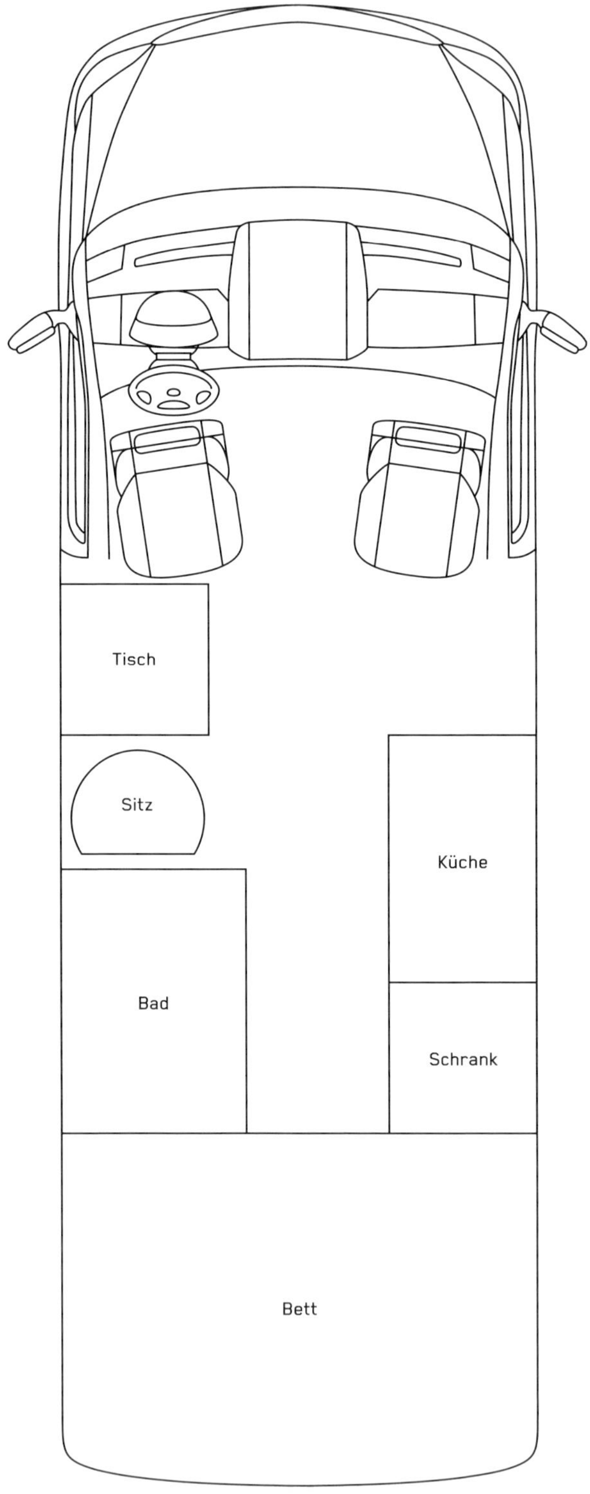

BEISPIEL 3:

Dieser Grundriss entspricht Beispiel 1 mit den in den Wohnraum integrierten Drehsitzen. Der Unterschied besteht darin, dass in diesem Beispiel zusätzlich ein Bad ergänzt ist. Dieses befindet sich direkt hinter der Sitzgelegenheit. Es bietet sich an, gegenüber einen hohen Schrank für Kleidung, einen größeren Kühlschrank oder Ähnliches zu verbauen.

Besonderheit: Durch diese Bauweise entsteht ein schmaler Durchgang zum Schlafbereich, der gleichzeitig als Sichtschutz und räumliche Abtrennung dient.

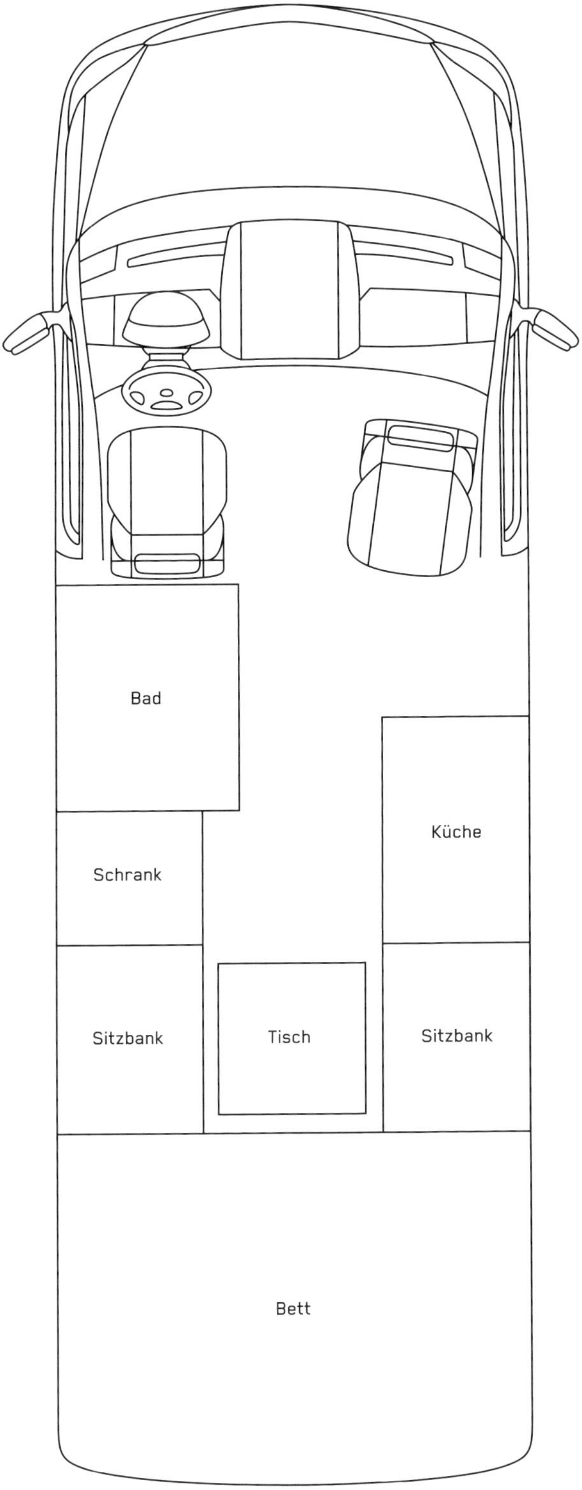

BEISPIEL 4:

Eine weitere Möglichkeit, ein Bad im Kastenwagen zu verbauen, ist die Platzierung direkt hinter dem Fahrersitz. Optional kann lediglich der Beifahrersitz durch einen Drehsitz getauscht werden, um den Wohnraum um diese Sitzgelegenheit zu ergänzen. Die Küche befindet sich erneut auf Höhe der Schiebetür. Die eigentliche Sitzecke findet dahinter Platz, wie in Beispiel 2.

Besonderheit: Die Größe des Bads ist relativ frei wählbar, da der gegenüberliegende Einstiegsbereich genügend Raum bietet.

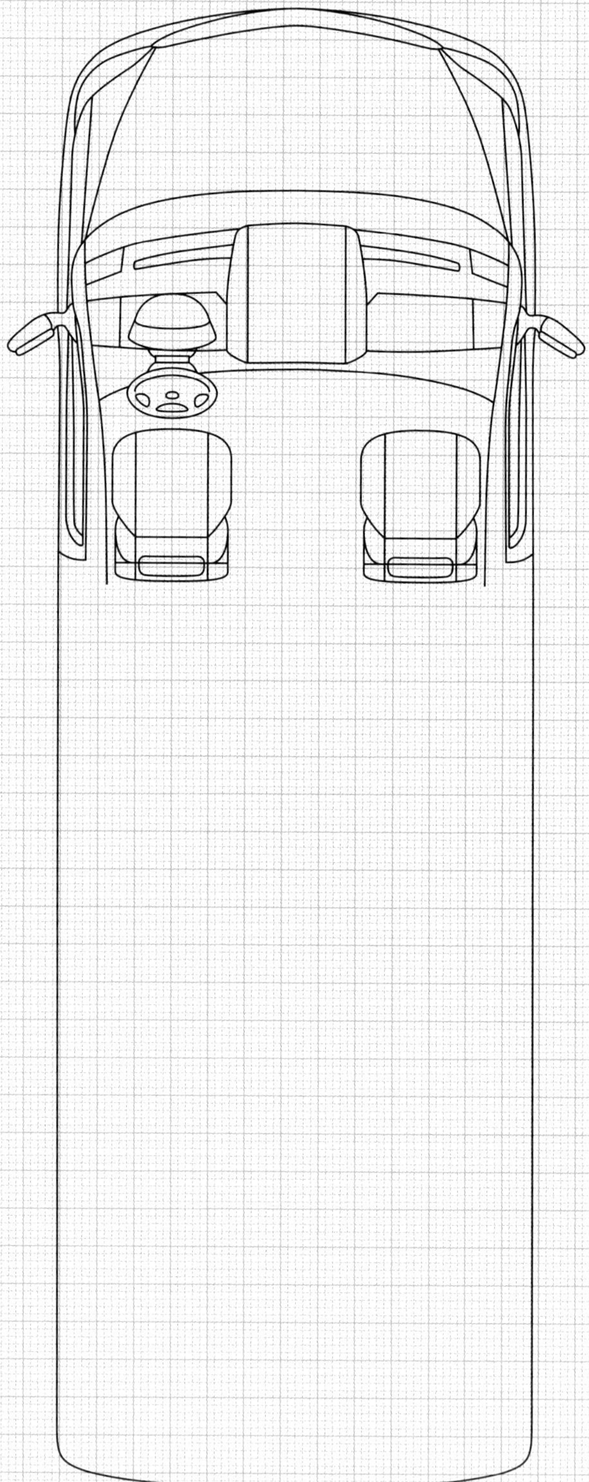

Hier habt ihr die Gelegenheit, euren eigenen ersten Grundriss grob zu skizzieren. Und auch für einen zweiten Versuch ist Platz. Es handelt sich hier um ein 6-Meter-Modell. Weitere Vorlagen – auch für längere Fahrzeuge – findet ihr unter busbastler.de/handbuch.

–04– Dämmung

Dämmung in der Theorie

Wenig wird beim Vanausbau so leidenschaftlich diskutiert wie das Thema »Dämmung«. Wer seine Meinung öffentlich äußert, muss automatisch mit Gegenwind rechnen, da es offensichtlich jeder besser zu wissen scheint. Das Grundproblem ist wohl: Wenn es die perfekte Art zu dämmen gäbe, dann würde vermutlich nicht so viel darüber diskutiert werden, wie es aktuell noch der Fall ist.

Wir wollen hier ein paar Ansätze präsentieren, auf ein paar Besonderheiten aufmerksam machen und natürlich wieder eine Recherche-Grundlage schaffen, anhand derer ihr eure eigenen Schlüsse ziehen könnt, um letztlich das zu verwenden, was euch am sinnvollsten erscheint.

SCHALLDÄMMUNG

Der Begriff »Dämmung« wirft eigentlich zwei Bereiche der »Isolierung« in einen Topf. Zum einen gibt es die thermische Isolierung, bei der es darum geht, Kälte oder Wärme aus- oder einzusperren. Zum anderen steht vor der Wärmedämmung allerdings noch die akustische Dämmung als Thema an. Vor allem Kastenwagen sind häufig sehr laut. Das liegt meist daran, dass große Blechflächen jede Vibration aufnehmen und verstärken. Ein einfaches Mittel, um dem entgegenzuwirken, ist, das Blech in seiner Schwingung zu dämpfen, indem man es schwerer macht. Die Fahrzeugindustrie nutzt dazu meist Bitumenplatten bzw. Butylkautschukmatten, die auf größere Blechflächen geklebt werden. Diese lassen sich natürlich auch nachträglich aufbringen. »Alubutyl« ist der Suchbegriff, der am schnellsten zum Erfolg führt.

Das Funktionsprinzip von Alubutyl ist recht einfach: Durch die erhöhte Masse wird die Eigenresonanz gesenkt. Das ist ganz grob damit vergleichbar, wenn ihr euren Finger auf eine Glocke legt. Die Schwingung wird gebremst und damit auch die Schallentwicklung. Für diesen Effekt ist es nicht nötig, das Material vollflächig zu verkleben. Etwa 40 Prozent der Fläche reichen dazu völlig aus. Alles darüber hinaus ist nur unnötiges Gewicht, das ihr mit euch herumfahrt.

Wir empfehlen das akustische Dämmen auch nur an den Stellen, an denen ihr große Probleme feststellt und wo ihr keine thermische Dämmung anbringen wollt. Denn auch das Bekleben der Blechflächen mit Thermo-Isolation bringt einen stark schwingungsdämpfenden Effekt mit sich. Der Unterschied zwischen Blech, das mit Akustikdämmung beklebt wurde, und solchem mit Thermo-Isolation ist wirklich minimal. Beides in Kombination ist natürlich möglich, bringt aber nicht so viel mehr, als dass sich das Gewicht von gut drei Kilogramm und der Preis von rund 18 Euro pro Quadratmeter wirklich lohnen würden. Deshalb unser Tipp: Spart euch die akustische Dämmung, wenn ihr ohnehin flächig eine Wärmeisolierung verkleben wollt.

WÄRMEDÄMMUNG

Bevor es ans Eingemachte geht, müssen wir uns erst einmal darüber klar werden, worum es beim Thema Wärmedämmung überhaupt geht. Welche Probleme gilt es dabei zu vermeiden, und wie kommen wir mit einem angemessenen Aufwand zu einem guten Ergebnis?

Die Grundidee der Wärmedämmung ist, dass man im Sommer die Hitze draußen und im Winter die Wärme im Fahrzeug hält – zumindest so gut es geht. Dass das bei einer Blechkiste nicht so einfach ist, liegt auf der Hand, da Blech die Wärme sehr gut leitet. **Um eine Referenz zum Wärmeleitwert der Dämmstoffe herzustellen: Je höher der Wert, desto besser leitet das Material die Wärme.** Also je kleiner die Zahl, desto besser isoliert das Material. Stahl hat einen Wärmeleitwert von ca. 80 W / (mK) (Watt pro Meter mal Kelvin), Aluminium liegt mit einem Wert von 236 W / (mK) deutlich darüber.

Es geht nun also darum, diese Wärmeleitfähigkeit möglichst effektiv herunterzusetzen, damit der Van im Sommer nicht zum Backofen und im Winter nicht zur Gefriertruhe wird.

DAS MATERIAL

Bei der Auswahl des Materials, das man zur Wärmeisolierung verwendet, spielen mehrere Faktoren eine Rolle: der Wärmeleitwert, die Beschaffenheit, wie man das Material verarbeiten kann, das Gewicht und der Preis. Der ökologische Aspekt spielt auch eine zunehmend wichtige Rolle. Jedoch stellen wir immer wieder fest, dass es hier bislang viele Bemühungen, aber wenig zielführende Ansätze gibt, wenn man daraus resultierende Probleme mit einbezieht. Aber dazu später noch etwas mehr, wenn es um das Thema »Kondenswasser« geht.

Die Stärke des Materials ist für die Wärmedämmung entscheidend. Je dicker die Dämmung, desto besser. Beim Ausbau des Vans stellt sich dann natürlich die Frage: Wie viel Geld bin ich bereit auszugeben, und wie viel Platz kann ich für die Dämmung »opfern«? In den meisten Fällen wird es am Ende ein Kompromiss aus Aufwand, Kosten und Nutzen.

Je größer der Temperaturunterschied zwischen drinnen und draußen sein soll, desto dicker muss die Dämmung sein, um den sogenannten Taupunkt zu verschieben. Bevor es jetzt noch theoretischer wird, legen wir aber endlich mal los mit ein paar konkreten Produkten.

Absoluter Platzhirsch in Sachen Dämmung ist bei uns »Armaflex« von Armacell. Aber Armaflex ist nicht gleich Armaflex! Wer vor allem nach günstigen Preisen sucht, wird sehr schnell beim Armaflex ACE landen. Diese Variante ist allerdings nicht für den Camper zu empfehlen. Zum einen hat es keine Zulassung für diese Anwendung. Es ist technisch veraltet und hat einen starken Eigengeruch, der mit der Zeit zwar nachlässt, aber von vielen auch nach längerer Zeit als sehr negativ empfunden wird. Deshalb: Augen auf beim Dämmungskauf!

Armaflex AF ist das High-End-Produkt von Armacell. Hervorragende Dämmeigenschaften, leichte Verarbeitung, geruchsarm und als Verkaufsargument »mit Anti-Mikroben-Funktion«. Die sogenannte MICROBAN®-Technologie durchdringt die Mikroben beim Kontakt mit dem Dämmstoff und macht sie unschädlich. Das Ganze hat aber natürlich seinen Preis und ist eigentlich für den Ausbau eines Campers »mit Kanonen auf Spatzen geschossen«. Im Normalfall seid ihr mit Armaflex XG auf der sicheren Seite. Auch hier habt ihr technisch ein modernes Produkt, das sich leicht verarbeiten lässt und sich vom AF-Material bis auf die MICROBAN®-Funktion kaum unterscheidet.

Als Alternative zu Armacell gibt es mittlerweile zahlreiche Hersteller, die Produkte mit ähnlichen Eigenschaften anbieten. Die Kaimann GmbH stellt das sogenannte Kaiflex her und ist im Vergleich zu Armaflex eine etwas günstigere Variante. Beide Optionen sind relativ weich und lassen sich sehr einfach um Rundungen verlegen, allerdings sollten sowohl Armaflex als auch Kaiflex nicht komprimiert werden, da ansonsten die isolierende Wirkung stark beeinträchtigt wird.

Bild rechts: Die meist verarbeitete Materialstärke von Armaflex beträgt 19 mm.

Deutlich stabilere Platten, die schon vorab stark komprimiert wurden und deshalb strapazierfähiger sind, haben beispielsweise Hersteller wie Reimo oder Gisatex im Sortiment. Der X-Trem Isolator von Reimo und das Thermo Isocell von Gisatex brauchen etwas Wärme, um sich beispielsweise über Holme an die Form der Karosserie anzuschmiegen, sind aber so belastbar, dass sie zum Beispiel auch als Dämmung direkt unter der Bodenplatte verwendet werden können, ohne dass noch eine entlastende Unterkonstruktion verbaut werden müsste. Wir empfehlen in dem Fall trotzdem den kraftschlüssigen Verbau zum Blech mit einer Unterkonstruktion unter der Bodenplatte. So habt ihr eine fixe Bezugsebene, an der sich die Möbel später genauer ausrichten lassen. Alle bisher genannten Dämmmaterialien gibt es als selbstklebende Variante, die zwar etwas teurer ist, aber die Arbeit erheblich erleichtert. Zum Verarbeiten des Materials kommen wir im nächsten Abschnitt.

Was die genannten Dämmstoffe gemeinsam haben: Sie sind brandhemmend, geschlossenporig und saugen sich nur sehr schwer mit Wasser voll. Vor allem die letzten beiden Attribute spielen in einem Camper eine wichtige Rolle. Denn auch wenn wir beim Schlafen weniger schwitzen als am Tag, gibt unsere Haut Feuchtigkeit ab. Und es gibt einen zweiten Grund, warum wir Wasser

Typische Dämmung des Fahrzeugdaches mit Unterkonstruktion für die spätere Verkleidung

verlieren: das Atmen! In der Lunge wird unsere Atemluft angefeuchtet und beim Ausatmen geben wir diese Feuchtigkeit ab. Insgesamt verliert unser Körper über Nacht etwa eineinhalb bis zwei Liter Wasser. Diese Feuchtigkeit setzt sich bei geringer Belüftung an der Innenwand eures Campers ab. Wenn wir nun einen gedanklichen Ausflug in die fünfte Klasse machen, dann erinnern wir uns vielleicht daran, dass feuchte Luft an kalten Oberflächen kondensiert. Das passiert natürlich auch im Van, vor allem im Winter an der Innenseite des Blechs, wenn wir es nicht luftdicht mit Dämmmaterial beklebt haben. Im schlimmsten Fall bilden sich dadurch kleine Reservoirs, in denen sich das Wasser sammelt. An diesen Stellen entsteht dann sehr schnell Rost.

Genau dieses Problem sehen wir auch bei offenporigem Material wie Schaf-, Mineralwolle oder auch Kork. Der Vorteil: Es ist ökologisch vermeintlich nachhaltiger und weniger schädlich für die Umwelt, es ist zudem atmungsaktiv und kann Luftfeuchtigkeit aufnehmen und auch wieder abgeben. Der Nachteil ist aber der gleiche: **Wenn die Dämmung nicht wirklich gut belüftet werden kann, besteht auch hier die Gefahr, dass sich das Wasser ansammelt und Schäden verursacht.** Allerdings gibt es aktuell einfach noch zu wenige Erfahrungswerte, die wir hier heranziehen können. Deshalb raten wir zwar nicht grundsätzlich von ökologischen Alternativen im Vergleich zu den Kautschuk-Dämmplatten ab, empfehlen euch aber dringend, euch mit Fachleuten auszutauschen, die sich mit dem Thema professionell auseinandersetzen.

Um von Vornherein eines klarzustellen: Beim Thema Dämmung ist der Vergleich mit dem Hausbau grundsätzlich verkehrt. Im Hausbau wird mit Dampfsperren gearbeitet. Im Unterschied zu einer Metall-Außenhaut werden Häuser aber so gebaut, dass die Feuchtigkeit nach außen durch die Fassade entweichen kann. Wenn man in einem Van mit Dampfsperren arbeitet, wird man die Luftfeuchtigkeit mit sehr hoher Wahrscheinlichkeit einschließen, denn ein Fahrzeug ist nie hundertprozentig dicht. Durch Holme und Stöße wird immer irgendwo etwas Luft und damit Luftfeuchtigkeit durchkommen, und dann hat die Feuchtigkeit keine Chance mehr, aus der Zwischenwand zu entweichen. Aber auch hier gibt es einige kreative Versuche, und wer sich intensiv mit dieser Option auseinandersetzen möchte, wird im Internet sicher fündig, was durchdachte Lösungen angeht. Zu bedenken ist in jedem Fall: Alles folgt der Schwerkraft. So kann es sein, dass Dämmwolle, sollte sie nicht befestigt und verdichtet sein, mit der Zeit durch Fahrzeugbewegungen nach unten rutscht und zusammenfällt. Damit wäre der obere Teil des Fahrzeugs quasi ungedämmt.

Wovon wir aber mit aller Vehemenz abraten, ist das Ausschäumen. Wir sehen manchmal die wildesten Sachen mit Bauschaum oder Brunnenschaum. Bitte macht das nicht. Nie! Auf gar keinen Fall! Es ist natürlich verlockend, einfach überall Schaum reinzujagen, anstatt mühsam Dämmmatten zuzuschneiden und einzukleben. Das Problem am Schaum ist, auch wenn er als geschlossenporig beworben wird, dass man vermutlich nie alle Stellen erwischt. Der Schaum wird mit der Zeit porös, sodass sich auch hier regelrechte Wasserreservoirs bilden können. Das fördert die Rostbildung, und spätestens wenn man dagegen angehen will, wird es bei ausgeschäumten Holmen eklig. Bevor man zum Beispiel ein Reparaturblech einschweißen kann, muss der ganze Schaum wieder raus, und das macht alles andere als Spaß.

Na? Seid ihr jetzt komplett verunsichert? Ja, das Gefühl wird euch bei eurem Ausbau sicher noch öfter begegnen. Vielleicht hilft es ja, wenn wir zwischendurch mal ein paar Fakten abrufen. Zum Beispiel, welches Material welchen Wärmeleitwert hat. Die Wärmeleitfähigkeit λ gibt den Wärmestrom an, der bei einem Temperaturunterschied von 1 Kelvin (K) durch eine 1 Quadratmeter große und 1 Meter dicke Schicht eines Stoffs geht. Die Einheit der Wärmeleitfähigkeit ist W/(mK). Hierzu sei gesagt, dass sich dieser Wert je nach Temperatur verändert. Wir nehmen deshalb Mittelwerte direkt von den Herstellern für den groben Vergleich:

X-Trem Isolator	0,042 W/(m·K)
Thermo Isocell	0,038 W/(m·K)
Dämmwolle	0,038 W/(m·K)
Armaflex	0,036 W/(m·K)
Kaiflex	0,035 W/(m·K)

Ihr seht: Es gibt sich alles nicht sonderlich viel. Schlussendlich ist die Verarbeitung viel entscheidender als die Wahl des Produktes. Und hier wird es jetzt endlich praktisch und damit auch richtig spannend.

Bild links: Von Wohnmobilausbauern erprobt und empfohlen: Selbstklebendes Armaflex für den Selbstausbauer

Jetzt wird gedämmt!

VERARBEITUNG

Bevor es losgeht, solltet ihr dafür sorgen, dass euer Fahrzeug und die Umgebung im besten Fall die richtige Temperatur haben. Die meisten Kleber mögen Temperaturen unter 15 °C überhaupt nicht. Auch das reine Aufheizen des Fahrzeugs von innen reicht nicht aus, wenn es draußen deutlich kälter ist, da das Blech die Temperatur der Umgebung – wie ja bereits erläutert – sehr schnell aufnimmt. Also tut euch einen Gefallen und wartet mit der Dämmung, bis es draußen entsprechende Temperaturen hat, oder mietet euch ein paar Tage in eine beheizte Halle ein.

Wenn ihr euch für ein Produkt entschieden habt, geht es daran, das Fahrzeug damit auszustatten. Ziel sollte es sein, mindestens das Blech, das die Außenhaut des Fahrzeugs bildet, auf der Innenseite möglichst vollständig mit Dämmung zu bekleben.

An dieser Stelle sei gesagt, dass wir davon ausgehen, dass ihr euch einen geschlossenen Kastenwagen gekauft habt. Bei einem Fensterbus könnt ihr euch das Thema Dämmung nämlich weitestgehend sparen. Durch die großen Fensterfronten geht so viel Wärme rein oder raus, dass es kaum einen Unterschied macht, ob ihr den Rest des Blechs mit Dämmung beklebt oder nicht. Wer sich extra viel Mühe machen möchte, kann das aber trotzdem tun. **Für die Fenster empfehlen wir gute Thermo-Isomatten, die man entweder mit Saugnäpfen oder mit Magneten innen in die Fenster hängen kann.** Letztere Variante ist sowohl aus optischen als auch praktischen Gründen deutlich empfehlenswerter!

So, nun aber los! Erst mal den Untergrund, also das Blech, ordentlich reinigen, sodass dieses staub- und fettfrei ist. Dazu könnt ihr Industriereiniger, Silikonentferner oder Bremsenreiniger nutzen. Diese Mittel sind aber auch recht aggressiv oder enthalten unter Umständen Zusätze, welche einen Film auf der Oberfläche hinterlassen, der die Haftwirkung reduziert. Oftmals haben die Anbieter der Dämmung auch eigene Reiniger im Angebot. Damit seid ihr auf der sicheren Seite, dass ihr zum einen nicht den Lack zerstört und zum anderen keine Rückstände zurückbleiben, auf denen der Kleber der Dämmung nicht hält.

Bild rechts: Die großen Flächen sind schon gedämmt, jetzt geht's ins Detail.

Im nächsten Schritt schneidet ihr das erste Stück Plattenmaterial zu. Zum Schneiden eignet sich ein sehr scharfes Messer wie zum Beispiel eines

Sorgfalt bei der Vorbereitung erspart Ärger bei der Verarbeitung.

mit Keramikklinge. Brotmesser und Cutter funktionieren auch – bei den Cutterklingen empfiehlt es sich, diese häufig zu wechseln. Gerade bei den weichen Dämmplatten fransen euch sonst sehr schnell die Kanten aus. Dieses Ausfransen sollte vermieden werden, da sich dadurch wieder Schwachstellen in der Dämmung ergeben können.

Wer es ganz genau machen will, kann sich zunächst eine Schablone zuschneiden, dann wird die ganze Aktion aber ein sehr gutes Stück langwieriger. Nach dem Zuschneiden der Dämmung wird diese auf das Blech geklebt.

Bei selbstklebendem Material geht ihr wie folgt vor: Ihr platziert die Platte an ihrer endgültigen Position, knibbelt die Folie auf der Rückseite ein Stück weit ab und klebt das schon mal fest. Dann zieht ihr die Folie Stück für Stück weiter ab und drückt die Dämmung fest ans Blech.

Solltet ihr euch für nicht selbstklebendes Material entschieden haben, gilt es, den Verarbeitungshinweisen des Herstellers zu folgen. Diese bieten einen geeigneten Kleber in größeren Gebinden an. Im Normalfall werden das Blech sowie die Dämmung mit dem Kleber eingepinselt, der dann erst mal ablüften muss. Das bedeutet, kurz gesagt, dass die Bestandteile, die den Kleber flüssig halten, antrocknen bzw. verdunsten müssen. Erst danach entwickelt der Kleber seine volle Haftkraft.

Beide Varianten kleben wie die Hölle. Dementsprechend muss die Platte sofort richtig platziert werden, sonst müsst ihr den ganzen Murks wieder rausreißen, alles sauber machen und noch mal von vorn anfangen.

Zum Verarbeiten des Klebers noch zwei Tipps: Zum einen empfiehlt es sich, mit einem Pinsel zu arbeiten, der lösungsmittelfest ist. Farbrollen funktionieren nur bedingt, da es schnell passiert, dass man den Kleber beim mehrmaligen Rollen über dieselbe Stelle wieder von der Fläche zieht. Mit etwas Übung funktioniert aber auch das. **Des Weiteren bietet das Arbeiten mit dem flüssigen Kleber den Vorteil, dass man auch »nass in nass« arbeiten kann.** Bei besonders koniffligen Stellen, an die man nur sehr schlecht rankommt, kann man demnach Dämmung und Blech einpinseln und ohne Ablüften direkt miteinander verkleben. In dem Fall kann man die Dämmung noch auf dem Blech verschieben und positionieren. Das sollte man aber nur mit kleinen Stücken machen und diese dann auch gut im Auge behalten, da sie Gefahr laufen, sich wieder abzulösen oder zu verrutschen.

Und noch eine Empfehlung zum Thema Kleber: Bleibt am besten immer »im gleichen System«. Wenn ihr euch für ein Material entschieden habt, dann nutzt auch den Kleber des entsprechenden Herstellers. Die Klebstoffe wurden extra für das zu verklebende Material entwickelt und sollten demnach die optimale Haftwirkung erzielen.

ANSTÜCKELN

Wenn die ersten Platten kleben, stellt sich natürlich die Frage, wie man eine möglichst durchgehende Fläche hinbekommt, und was man mit den Hohlräumen macht, die unweigerlich entstehen.

Kümmern wir uns zunächst um die Stöße, also die Stirnseiten der Platten, die aneinandergrenzen. Hier passieren die meisten Fehler, denn oft klaffen hier große Lücken. Der Trick ist, dass man die Dämmung nicht zu knapp abschneidet. Arbeitet lieber mit ein paar Millimetern mehr Material und lasst dieses dann satt gegen die benachbarte Platte anstoßen. Im Idealfall

verklebt ihr die beiden Platten auch noch miteinander. Wenn der Kleber die beiden Platten miteinander verbunden hat, sind diese quasi eins. Eine etwas bequemere Alternative ist, ein Klebeband mit drei Millimetern Dämmung über die Stöße zu kleben. Hier sollte aber auf jeden Fall darauf geachtet werden, dass darunter keine Lücken sind und dass es so verklebt wird, dass möglichst keine Luft dahinter kommt, sonst gibt es nämlich wieder Hohlräume, in denen sich Kondenswasser sammeln kann. **Generell gilt: das Material nicht unter Spannung verkleben. Im Idealfall sollten sich die Stöße völlig entspannt aneinanderschmiegen.** Dass das in der Realität oft anders aussieht, ist völlig klar, aber wir wollten wenigstens erwähnen, wie es laut Hersteller sein sollte.

KONDENSWASSER

Es gibt Stellen im Kastenwagen, die sich schlicht und ergreifend nicht dämmen lassen. Holme und Querträger sind Beispiele dafür. Hier gibt es zwei Möglichkeiten:

Erstens: Offen lassen, damit die Luft zirkulieren kann. Allerdings entstehen hier thermische Brücken, was wiederum zur vermehrten Kondenswasserbildung führt. Das kann recht unangenehm werden, wenn es euch im Winter morgens kalt von der Decke ins Gesicht tropft.

Zweitens: Darüber dämmen. Wir ignorieren den Hohlraum hinter der Dämmung, sind uns völlig bewusst, dass dort vermutlich Kondenswasser entsteht, sorgen aber dafür, dass das Wasser ungehindert abfließen kann. Voraussetzung hierfür ist, dass wir die Hohlräume vorab ordentlich konservieren. Hier empfiehlt sich ein Wachsöl, das auch bei hohen Temperaturen dort bleibt, wo ihr es aufgetragen habt, und nicht einfach abfließt, sobald die Sonne den Van erhitzt.

Es lässt sich also nicht vermeiden, dass irgendwo Kondenswasser entsteht, wenn ihr bei kalten Temperaturen im Van übernachtet. Was kann man also tun? Oder: Wie geht man damit um? Was auf jeden Fall verhindern kann, dass sich an ungünstigen Stellen Kondenswasser bildet, ist das Schaffen sogenannter »Opferflächen«. Das sind Flächen, an denen die Luftfeuchtigkeit besonders schnell und einfach kondensieren kann, an denen das Wasser aber auch möglichst keinen Schaden anrichtet.

Bild links: Der kritische Moment: Beim Verkleben von Armaflex hat man meist nur einen Versuch.

Fenster sind meist zwangsläufig solche Opferflächen, an denen sich trotz Thermomatten sehr schnell viel Wasser niederschlägt. Weitere Opferflächen können beispielsweise im unteren Bereich der Seitenwände sein, kurz oberhalb der Schweller bis zu dem Bereich, an dem die Seitenbeplankung mit Clips in der Karosserie befestigt ist. Auch Türen sind prädestinierte Opferflächen, da sie in den Ecken mit Abläufen für Wasser ausgestattet sind. Das hat den Grund, dass zu den Fenstern und Türgriffen immer auch Regenwasser in die Karosserie eintritt.

Diese Bereiche solltet ihr bei der Dämmung unbedingt aussparen. **Denn das Wasser sollte nach Möglichkeit so einfach wie möglich wieder abfließen können. Das ist im Prinzip die Grundregel.** Achtet deshalb darauf, dass die Abläufe in der Karosserie wirklich offen sind. Gerade neuere Fahrzeuge haben gelegentlich ausgeschäumte Abläufe. Das ist eine Maßnahme, die der akustischen Optimierung dient, aber für die Nutzung als Camper eher kontraproduktiv ist.

Den Rest der Luftfeuchtigkeit im Fahrzeug übernimmt die Heizung. Vor allem Luftstandheizungen trocknen die Luft erheblich aus. Mehr dazu findet ihr im folgenden Kapitel über Heizungen.

Zum Schluss noch ein Tipp, falls ihr die Fahrzeugtüren dämmen wollt: Hier empfiehlt es sich wirklich, nur die Verkleidung zu bekleben und nicht das Blech, da durch die Fensterheber und die Griffe viel Wasser reinkommt. Achtet aber bitte darauf, dass ihr die Mechanik der Schlösser und der Fensterheber nicht beeinträchtigt.

Jetzt habt ihr das Wesentliche zum Thema »Dämmung« gelesen. Nehmt euch Zeit für die Umsetzung, macht sie ordentlich, dann habt ihr lange Freude dran!

Bild rechts: Kondenswasserbildung oberhalb des Schwellers

-05- Heizung

Mehr als nur heiße Luft!

Eine Sache, die wir grundsätzlich jedem Selbstausbauer von Beginn an empfehlen – auch wenn er nur im Sommer oder nur an Wochenenden unterwegs sein wird –, ist der Einbau einer Heizung. Es ist tatsächlich sehr schwierig, in einem fertig ausgebauten Camper nachträglich eine Heizung zu verbauen. Oft müssen Möbel umgesetzt, zersägt oder komplett entfernt werden. Denn die Position der Heizung könnt ihr je nach Art nicht immer selbst bestimmen. Zudem hat eine Heizung unfassbar viele Vorteile, die wir euch in diesem Kapitel aufzeigen möchten.

Eine Heizung im Van bringt nicht nur Wärme bei niedrigen Außentemperaturen, sondern entfernt auch Feuchtigkeit aus dem Innenraum. **Egal, ob beim Kochen, Abwaschen, Duschen, ja sogar beim Atmen entsteht feuchte Luft im Innenraum.** Diese Feuchtigkeit schlägt sich im ganzen Van nieder und kann sogar für Schimmelbildung sorgen. Daher ist kontinuierlicher Luftaustausch das oberste Gebot, aber auch die warme Heizungsluft lässt Feuchtigkeit im Raum sehr schnell verschwinden. Damit nicht genug: Wie wäre es, wenn eure Heizung gleichzeitig warmes Wasser produzieren könnte? Ja, es gibt mehrere Möglichkeiten, die Abwärme der Heizung zu nutzen und so maximalen Komfort in den eigenen Ausbau zu holen.

Mittlerweile gibt es sehr unterschiedliche Heizungen, die mit diversen Kraftstoffen arbeiten. Ob Diesel, Benzin, Gas, Petroleum oder elektrisch – für jeden Ausbau und Geldbeutel ist etwas dabei. Wir beleuchten die gängigsten und sinnvollsten Heizungen, die für euch in Frage kommen.

DIESEL-LUFT-STANDHEIZUNGEN

Die wohl einfachste und günstigste Art, einen Van warm zu bekommen, ist die über die Diesel-Luft-Standheizung. Der Kraftstoff wird direkt aus dem Tank eures Fahrzeugs gezogen, ihr braucht euch also keine Sorgen über zusätzlichen Kraftstoff für eure Heizung zu machen. Das Diesel-Luft-Gemisch wird mittels einer Glühkerze verbrannt und erhitzt dabei eine Brennkammer. Diese wird über Kühlrippen und einen Lüfter gekühlt, während die Abwärme euren Innenraum erhitzt. Der Verbrauch von Dieselkraftstoff ist bei dieser Heizungsart enorm gering, genauso wie der Stromverbrauch. Lediglich beim Starten der Heizung wird eine größere Menge Strom benötigt.

Wir zeigen euch hier die gängigsten Diesel-Luft-Standheizungen.

WEBASTO AIRTOP 2000 STC

Webasto ist euch sicherlich schon ein Begriff. Die jahrelange Erfahrung dieses Standheizungsherstellers floss natürlich auch in dieses Modell. Es ist robust und langlebig sowie leicht bedienbar. Wichtig zu erwähnen ist das vorhandene E-Prüfzeichen, das den Einbau in euren Van erlaubt.

- Heizleistung (kW): 1,0 bis 2,0
- Kraftstoffverbrauch (kg / h): 0,10 bis 0,20
- Nennspannung (V): 12
- Nennleistungsaufnahme (W): 14 bis 29
- Heizvolumenstrom (m^3 / h): 93
- Kraftstoff: Diesel
- Abmessungen (mm): 311 × 120 × 121
- Gewicht (kg): 2,6
- Preis: 800 bis 1200 € je nach Zubehör

EBERSPÄCHER AIRTRONIC S2

Auch von dieser Marke habt ihr sicherlich schon gehört. Sie ist bei vielen Autoherstellern beliebt, wenn es um die Motorvorwärmung geht. Hier gibt es ebenfalls eine riesige Auswahl an verschiedenen Diesel-Luft-Standheizungen für 12V- und 24V-Systeme. Die verschiedenen Heizleistungen könnt ihr passend für euren Van wählen.

- Heizleistung (kW): 0,9 bis 2,2
- Kraftstoffverbrauch (kg / h): 0,10 bis 0,28
- Nennspannung (V): 12
- Nennleistungsaufnahme (W): 6 bis 31
- Heizvolumenstrom (m^3 / h): 105
- Kraftstoff: Diesel
- Abmessungen (mm): 310 × 115 × 122
- Gewicht (kg): 2,7
- Preis: 800 bis 1200 € je nach Zubehör

Die beliebte Autoterm Air 2D mit Bedienteil PU 27

AUTOTERM AIR 2D

Die günstigste Variante der Diesel-Luft-Standheizungen in unserer Übersicht ist die Autoterm Air 2D – und sehr beliebt bei vielen Ausbauern, auch im Profibereich, ist sie obendrein. Sie ist robust und hat eine gute Heizleistung sowie eine sehr gute Ersatzteilversorgung. Geprüfte Sicherheit wird mit einem E-Prüfzeichen belohnt, und auch von uns gibt es eine klare Empfehlung.

Alle genannten Beispiele gibt es natürlich auch mit einer Heizleistung bis zu 4 kW. Vor allem bei großen Vans oder wenn man mit Warmwasseraufbereitung arbeiten möchte, sind höhere Heizleistungen zu empfehlen. In den meisten Fällen sind 4 kW zu viel. Lediglich wenn ihr Reisen in extremere Regionen plant, lohnt es sich, über eine sogenannte Zwillingsvariante nachzudenken. Bei dieser Version verbaut ihr zwei Standheizungen nebeneinander, was den Vorteil hat, dass ihr eine bessere Steuerbarkeit der Wärme habt und eine der beiden Heizungen für euer Wassersystem nutzen könnt.

Den Einbau von Diesel-Luft-Standheizungen kann jeder versierte Schrauber übernehmen. Meist sind sogar Einbauanleitungen dabei oder man findet sie direkt auf den Internetseiten der Hersteller. Wer sich nicht rantraut, kann sich an einen Einbaupartner wenden. Deren Adressen findet man ebenfalls bei den Heizungsherstellern selbst.

Busbastler-Tipp: Wenn ihr in netter Gesellschaft alles über eure Heizung lernen und beim Einbau selbst Hand anlegen möchtet, ist möglicherweise der Standheizungseinbau-Workshop der Busbastler Academy das Richtige für euch. Dieser findet unter Anleitung von Einbauprofis statt, damit gewährleistet ist, dass jede Heizung nach den Einbauvorgaben verbaut ist und korrekt funktioniert.

Für handwerklich Begabte ist das Einbauen einer Standheizung ein Kinderspiel.

Keine Angst vor Gas!

Die zweite wichtige Kraftstoffart im Wohnmobilbereich ist Gas. Viele schwören darauf, anderen macht es eher Angst. Wir möchten euch die Gasheizung in jedem Fall vorstellen, da sie immer noch ihre Daseinsberechtigung hat und mittlerweile auch sehr effizient geworden ist. Beachtet unbedingt: Gasinstallationen im Vanausbau sollten immer vom Profi durchgeführt oder zumindest abgenommen werden. Auch bei der Wohnmobilzulassung wird eine zusätzliche Gasprüfung verlangt.

TRUMA VARIOHEAT ECO CP

Die Truma VarioHeat eco ist eine äußerst kompakte und leichte Gasheizung. Sie ist sehr leistungsstark, und dank der verschiedenen Funktionen könnt ihr sie immer nach euren Wärmebedürfnissen anpassen. Der Einbau geht erfahrenen Schraubern leicht von der Hand, sollte aber immer mittels Gasprüfung zusätzlich gecheckt werden.

- Heizleistung (kW): 1,3 bis 2,8
- Kraftstoffverbrauch (kg / h): 0,10 bis 0,22
- Nennspannung (V): 12
- Nennleistungsaufnahme (W): 8 bis 33
- Heizvolumenstrom (m^3 / h): 75 bis 155
- Kraftstoffe: Gas Propan / Butan
- Abmessungen (mm): 38 × 24,8 × 12,3
- Gewicht (kg): 4,8
- Preis: 1300 bis 1600 € je nach Zubehör

Und das war es auch schon im Gasheizungsbereich. Natürlich gibt es auch Heizkörper und -strahler aus dem Campingbereich, diese sind aber nicht gerade platzsparend oder sparsam im Verbrauch und somit auch nicht auf unserer Liste gelandet.

Bild rechts: Workshopteilnehmer Marcus beim Einbau seiner Standheizung

Warum nicht auch warmes Wasser?

Wie machen die beschriebenen Heizungen eigentlich das Wasser warm? Natürlich auch über die produzierte Warmluft. Dafür gibt es einen Warmwasserboiler. Es handelt sich dabei um ein Kombigerät, welches das Wasser über die Luftheizung oder über die eingebaute Elektropatrone erwärmen kann. In beiden Fällen erreicht das Wasser eine Temperatur bis ca. 70 °C.

Ist die Heizung nicht in Betrieb, kommt die Elektropatrone zum Einsatz. Diese benötigt ordentlich Energie und wird in den meisten Fällen über den Landstromanschluss betrieben. **Im Heizungsbetrieb bläst die Heizung ihre Warmluft erst durch den Boiler und dann in den Van. Das hat den Vorteil, dass vor allem im Winter auch immer gleichzeitig das Wasser warm ist.** Im Sommer bedeutet das hingegen, dass man sich für warmes Wasser entweder einen Stromanschluss suchen oder trotz warmer Außentemperaturen die Heizung laufen lassen muss.

Die Boiler kosten zwischen 300 und 500 Euro und fassen bis zu zehn Liter Wasser. Diverse Sicherheitseinrichtungen verhindern ein Leerlaufen des Boilers trotz leerem Wassertank. Alles in allem halten wir dies für eine gute Option, um Warmwasser zu produzieren, doch es geht noch besser.

HEIZUNG-WASSER-KOMBIGERÄTE

Es gibt das Ganze auch in Kombination, also eine Heizung inklusive Warmwasseraufbereitung. Das Spannende dabei ist, dass die Warmwasseraufbereitung über die Abgaswärme der Heizung erfolgt. Ihr habt also die Möglichkeit, euer Warmwasser auch im Sommer zu erhitzen, ohne dass die überschüssige Warmluft in den Innenraum geleitet wird.

WEBASTO DUAL TOP

Bei der Webasto Dual Top Evo handelt es sich um ein integriertes Luft- und Wasserheizsystem, das zu jeder Jahreszeit warme Luft und warmes Wasser liefert. Das effizient arbeitende System wurde speziell für die Außenmontage entwickelt, für mehr Stauraum und persönlichen Komfort im Innenraum. Auf einem Campingplatz mit Stromanschluss können die Dual-Top-Evo-Versionen mit Elektrobetrieb entweder zusätzlich oder ausschließlich mit Strom betrieben werden. Optional ist auch eine Steuerung per App möglich. Diese Heizung kann man sowohl innen als auch unter dem Van verbauen.

- Heizleistung (kW): 1,5 bis 6,0
- Kraftstoffverbrauch (kg / h): 0,19 bis 0,66
- Nennspannung (V): 12
- Nennleistungsaufnahme (W): 15 bis 65
- Heizvolumenstrom (m^3 / h): 230
- Kraftstoff: Diesel
- Wasserbehälter (l): 11
- Abmessungen (mm): 530 × 352 × 256
- Gewicht (kg): 21
- Preis: 2000 bis 3000 € je nach Zubehör

TRUMA COMBI

Je nach Ausführung lässt sich die Truma Combi sowohl im Gas- als auch im Diesel- und Elektro- oder im Mischbetrieb nutzen. Gesteuert wird die Heizung mühelos über ein digitales Bedienteil oder eine eigene App. Der integrierte Wasserbehälter fasst zehn Liter und die Heizung selbst ist für den Inneneinbau konzipiert.

- Heizleistung (kW): 4,0 bis 6,0
- Kraftstoffverbrauch (kg / h): 0,22 bis 0,63
- Nennspannung (V): 12
- Nennleistungsaufnahme (W): 15 bis 84
- Heizvolumenstrom (m^3 / h): 287
- Kraftstoffe: Diesel / Gas / Elektro
- Wasserbehälter (l): 10
- Abmessungen (mm): 525 × 450 × 300
- Gewicht (kg): 16
- Preis: 2000 bis 3500 € je nach Variante / Zubehör

WARMLUFTVERTEILUNG

Es empfiehlt sich, immer so viele Warmluftausströmer wie möglich zu verbauen. Allerdings sollte man dabei die Herstellerangaben der jeweiligen Heizung beachten, denn der Luftstrom darf nicht zu lange und zu viele Wege gehen. Bei der Autoterm Air 2D darf die Länge der Luftleitungen insgesamt fünf Meter nicht überschreiten. Hört sich im ersten Moment wenig an, ist es aber nicht. Auf dieser Strecke können einige Auslässe und Verteilungen realisiert werden.

Achtet bei eurer Planung genau darauf, wo ihr Warmluft haben möchtet und wo es eher keinen Sinn macht. Vielleicht möchtet ihr einen Kleiderschrank mit warmer Luft durchströmen? Dann empfiehlt es sich, die Warmluftleitung durch diesen zu legen. Werft zum Vergleich mal einen Blick in die Schränke handelsüblicher Wohnmobile! Dort findet ihr die eine oder andere Warmluftleitung, die sogar mit kleinen Löchern versehen ist, um die Wärme bestmöglich zu verteilen. Das hat den Vorteil, dass der komplette Innenraum gleichmäßig warm wird und eure Heizung nach der Aufwärmphase wesentlich sparsamer arbeiten kann.

Es gibt viele Möglichkeiten, Warmluft in eurem Van zu verteilen.

Nicht verschließbare Austrittsdüse, in unterschiedliche Richtungen drehbar

Nutzt die Warmluft gern auch für außergewöhnliche Einsatzzwecke. Der Zubehörmarkt für Luftverteilung und -steuerung ist groß, und somit sind euren Ideen keine Grenze gesetzt. Wie wäre es mit einem Schuhschrank, der eure nassen Wanderschuhe nicht nur aufbewahrt, sondern auch trocknet? Ein verschließbarer Auslass ist ebenfalls schnell montiert und erweitert das Einsatzfeld eurer Heizung. Auch ein Warmluftfön lässt sich mit aufsteckbaren Adaptern und Schlauchverlängerungen einfach realisieren. Oder wie wäre es mit einer vorgewärmten Bettmatratze? Legt einfach den Warmluftschlauch entlang eures Lattenrostes, und schon heizt ihr die Matratze unkompliziert mit. Es lohnt sich wirklich, sich genau zu überlegen, wo man die Warmluftleitung entlanglegen möchte.

Busbastler-Tipp: Achtet darauf, dass die Warmluftschläuche nie um 90 Grad geknickt sind, die Abwärme immer von der Heizung wegkann, und dass die Ausströmer jederzeit frei bleiben. Die Warmluft hat immer zwischen 80 und 110 °C. Kommt es zu einem Hitzestau, überhitzt die Heizung und schaltet ab.

Häufige Fragen aus der Busbastler-Szene

»KANN ICH EINE STANDHEIZUNG SELBST EINBAUEN?«

Ja, das kannst du! Man sollte handwerklich begabt sein und sich ein wenig mit Kfz-Technik auskennen. Die meisten Heizungen benötigen einen Tankentnehmer, der in euren Dieseltank eingebaut werden muss. Diese schwierigen Schritte kann aber auch eine Werkstatt oder ein Wohnmobilausbauer für euch übernehmen.

»MEIN VAN HAT SCHON EINE MOTORHEIZUNG, KANN ICH DIESE MITVERWENDEN?«

Nein, das geht leider nicht. Eine Motorheizung erwärmt in erster Linie die Kühlflüssigkeit eures Motors und nutzt nur einen kleinen Teil der Abwärme, um euren Innenraum zu erwärmen. Diese Art von Heizung braucht viel Strom und ist daher nicht geeignet, um im Stand dauerhaft euren Innenraum zu erwärmen.

Präzises Arbeiten beim Setzen des Loches für die Standheizung beim VW T6

»BETREIBE ICH MEINE LUFTHEIZUNG ÜBER DIE STARTERBATTERIE?«

Die Luftheizung für euren Innenraum wird immer über die Zweitbatterie / Aufbaubatterie versorgt. Wird diese leer, ist das nicht so schlimm. Passiert das aber mit eurer Starterbatterie, könnt ihr euer Fahrzeug nicht mehr starten.

»WIE LANGE KANN ICH EINE STANDHEIZUNG LAUFEN LASSEN?«

Wenn es sein muss, kannst du das über Monate hinweg tun. Das ist tatsächlich sogar sparsamer, als die Heizung immer wieder an- und auszuschalten. Zudem kühlt dein Van nicht aus, du kannst Wasser und Abwasser im Van lassen und bist damit immer startklar. Sollte die Heizung lange Zeit auf kleinster Stufe laufen, empfiehlt es sich, sie einmal im Monat für eine Stunde auf höchster Stufe zu betreiben. Das hilft gegen Verrußung der Brennkammer, was wiederum für eine längere Lebensdauer sorgt.

»GIBT ES LUFTSTANDHEIZUNGEN NICHT AUCH FÜR BENZINER?«

Ja, die gibt es. Eberspächer und Webasto bieten Heizungen auch für Benzinfahrzeuge an. Allerdings sind diese relativ teuer, und es ist dem Laien absolut untersagt, sie selbst einzubauen. Ein geschulter Einbaupartner des jeweiligen Herstellers baut euch diese Heizungen ein, was aber selbstverständlich zusätzliche Kosten verursacht.

»BRAUCHT EINE HEIZUNG EINE TÜV-ABNAHME?«

Jein. Es gibt vermehrt Berichte darüber, dass bei einer Wohnmobilabnahme nach der Heizung geschaut wird, um zu kontrollieren, ob diese ein E-Prüfzeichen hat. Das so gekennzeichnete Bauteil darf in Deutschland und Österreich ohne speziellen Eintrag in den Fahrzeugpapieren mitgeführt und betrieben werden. Es bedarf also weder eines Teilegutachtens (TGA) noch einer EG-BE / ABE, solange der in der Genehmigung vorgegebene Verwendungsbereich eingehalten wird.

–06–
Fenster

Für mehr Licht und Luft im Van

Beim Vanausbau kann man selbst entscheiden, ob, wo und wie viele Fenster verbaut werden sollen. Und das nicht nur an den Seiten des Kastenwagens, sondern auch am Dach. Welche Vorteile das hat, und wie man sie einbaut, wollen wir einmal genauer beleuchten.

DIE ORIGINALEN FAHRZEUGFENSTER

Einfaches Autoglasfenster sieht zwar gut aus und ist perfekt an die Karosserieform angepasst, es hat aber leider nur sehr schlechte Dämmeigenschaften. Deswegen raten wir grundsätzlich von original verbauten Fenstern im Kastenwagen ab. Für all diejenigen, die sich dennoch für einen Fensterbus entschieden haben, wird es vor allem im Winter notwendig, ordentlich mit Vorhängen zu verdunkeln oder dafür vorgesehene Dämmmatten einzulegen. **Aber auch im Sommer sollten Glasfenster möglichst vor direkter Sonneneinstrahlung geschützt sein, um ein Aufheizen des Fahrzeuginneren zu verlangsamen.** Warum ist das so? Bei normalen Glasfenstern im Fahrzeugbau spricht man vom Sicherheitsglas. Dieses besteht aus mehreren Glasschichten, zwischen denen sich eine Schutzfolie befindet, um bei Unfällen zu verhindern, dass das Glas splittert. Hier wird besondere Aufmerksamkeit auf den Insassenschutz gelegt, um größere Verletzungen zu vermeiden. Leider hat dies den Nachteil, dass man aus Konstruktionsgründen auf Dämmung verzichtet. Lediglich getönte Scheiben sorgen dafür, dass die Sonneneinstrahlung nicht direkt ins Fahrzeuginnere gelangt. Doch wirklich vor Hitze und Kälte schützen sie nicht. Wer also seinen Kastenwagen mit Fenstern ausstatten möchte, um daraus ein Wohnmobil zu bauen, sollte auf die bewährten Campingfenster zurückgreifen.

CAMPINGFENSTER ZUM NACHRÜSTEN

Schon seit langer Zeit sind Wohnmobile und Wohnanhänger mit Campingfenstern ausgerüstet. Diese sind speziell für den Wohnbereich konzipiert und mittlerweile auch in sehr vielen Formen und Größen verfügbar. Doch was macht ein Campingfenster so besonders? Es ist wie bei euch zu Hause: Schaut ihr euch die Fenster in der Wohnung mal genau an, werdet ihr feststellen, dass diese immer mindestens aus zwei Scheiben bestehen. Man spricht dann von einer sogenannten Doppelverglasung. Diese hat den Vorteil, dass die Luft zwischen den Scheiben als Dämmung funktioniert. Der Dämmwert dieser doch recht einfachen Art ist doppelt so hoch wie bei herkömmlichen Fenstern. Ein Campingfenster funktioniert genauso – mit dem Unterschied, dass anstatt Glas Acryl zum Einsatz kommt, was das Fenster enorm leicht und günstig macht. Außerdem sind in den Rahmen der Fenster meist Rollos integriert, die zum Verdunkeln dienen oder um die Privatsphäre zu schützen. Auch Fliegengitter gehören meist zum Standard, die verhindern, dass Insekten ins Campingmobil fliegen. Solche Fenster sind also echte Multitalente, die gleich mehrere Vorzüge mit sich bringen.

Durch verschiedene Größen und Arten sind eurer Ausbauplanung kaum Grenzen gesetzt. Ob ganz schmal, flach oder riesengroß, ob günstig oder teuer: Die große Auswahl ermöglicht es euch, das für euch passende Modell zu finden.

DACHFENSTER

Auch die Dachfenster bestehen meist aus Doppelacrylscheiben, die sich mechanisch oder elektrisch öffnen lassen. Auch hier darf das Verdunkelungsrollo samt Insektenschutz selbstverständlich nicht fehlen. Dachfenster müssen jedoch noch andere Anforderungen erfüllen. Sie leiten nicht nur den Fahrtwind über das Dach, was die geschwungene Form erklärt, sondern sind auch noch weiteren starken Belastungen wie Wind, Regen und Schnee ausgesetzt. Es gibt sie mit diversen Zusatzoptionen wie beispielsweise einer Zwangsbelüftung, bei der durch Lüftungsschlitze auch im geschlossenen Zustand Luft aus dem und in den Van gelangen kann. Ein optionaler Lüfter sorgt für eine bessere Luftzirkulation im Raum, indem er die Luft in unterschiedlichen Geschwindigkeiten ansaugt oder rausbläst. Vor allem im Küchen- oder Badbereich sind diese Dachfenster mit Lüfter sehr beliebt, da feuchte Luft oder Gerüche direkt abgesaugt werden können. Besonders im Sommer sorgen sie für ein deutlich angenehmeres Klima im Van. **Wenn ihr euch die Frage stellt, ob Dachfenster unbedingt sein müssen, können wir euch nur empfehlen, diese auf jeden Fall mit einzuplanen.** Je nachdem, wie viel Platz ihr auf dem Dach habt, lohnt es sich immer, wenigstens ein kleines Dachfenster zu verbauen. Die Vorteile liegen auf der Hand: Vom Tageslicht, das den Van von oben mit einer natürlichen Lichtquelle versorgt, bis hin zum Luftaustausch in eurem Wohnbereich. Vor allem nachts wird die verbrauchte Luft schnell hinaustransportiert, und die darin enthaltene Feuchtigkeit kann sich nicht im Van festsetzen. Auch bei den Dachfenstern gibt es mittlerweile sehr viele Varianten, Formen und Größen, sodass ihr problemlos eine Lösung für eure Ansprüche finden solltet.

Loch an Loch, und hält doch!

Für viele ist das Einbauen der Fenster ein großer erster Schritt beim Vanausbau. Zum ersten Mal greift man sehr invasiv in seine Fahrzeugkarosse ein. Ein Loch muss in die Seitenwand oder das Dach gesägt werden, was für viele eine große Hürde darstellt. Ist das Loch zu groß, steht man vor einem immensen Problem.

Busbastler-Tipp: Bleibt entspannt und überlegt euch jeden Arbeitsschritt genau. Lieber zweimal messen und dreimal nachprüfen. Schablonen vom Fenster, die manchmal sogar beiliegen, helfen beim Anzeichnen und Positionieren.

POSITION DES FENSTERS

Wo soll das Fenster hin? Wie groß soll es sein? Wie viele Dachfenster möchte ich haben? All das sollte euch von vornherein klar und in die Ausbauplanung eingeflossen sein. Achtet zum Beispiel darauf, was sich neben den Fenstern befindet und welche Art von Fenster ihr einbaut. **Ein Ausstellfenster direkt neben der Schiebetür birgt ein erhöhtes Risiko. Wenn die Tür bei geöffnetem Fenster aufgemacht wird, zerstört ihr im schlimmsten Fall das Fenster.** Deshalb wäre an dieser Stelle ein Schiebefenster die bessere Wahl. Also achtet auch bei der Positionierung der Fenster darauf, dass deren volle Funktionsweise gegeben ist.

Wo machen in eurem Fall Dachfenster Sinn? Plant eines über dem Küchen- und eines über dem Schlafbereich ein. Wer ein Bad hat, sollte auch da mindestens ein Fenster oder einen Lüfter verbauen, um gewährleisten zu können, dass die Feuchtigkeit den Van schnell verlässt. Und immer daran denken: Ist das Fenster einmal verbaut, lässt sich dessen Position nicht mehr verändern.

ANZEICHNEN DES FENSTERS

Schneidet euch eine Schablone für den Fenster-Ausschnitt zurecht. Eine dünne Pappe reicht aus, um darauf das Einbauloch zu übertragen. Als Nächstes benutzt ihr Klebeband oder Malerkrepp, um die Stelle abzukleben, an der später das Fenster sitzen soll. Auf das Malerkrepp lässt sich dann auch wunderbar und gut sichtbar die Schablone kleben und übertragen. Ein großflächig abgeklebter Arbeitsbereich hat den Vorteil, dass der Fahrzeuglack beim Aussägen geschützt ist.

Bild links: Genaues Messen ist das A und O beim Fenstereinbau.

DAS RICHTIGE WERKZEUG FÜR DEN PERFEKTEN BLECHSCHNITT

Für einen sauberen Schnitt benötigt ihr gutes Werkzeug. Am einfachsten und sicherlich für jeden machbar ist es, das Loch mit einer Stichsäge zu sägen. Hierbei ist eher das Sägeblatt der entscheidende Faktor als die Säge selbst. Ein Metallsägeblatt sollte es auf jeden Fall sein, und es darf ruhig auch nicht das billigste sein. Umso besser lässt sich die Stichsäge führen und umso sauberer wird der Schnitt.

Häufig wird auch die sogenannte Flex mit einer Trennscheibe verwendet. Davon raten wir aber mittlerweile ab. Die Flex lässt sich durch die Rotation nicht sehr sicher führen und verzeiht auch leichte Ausrutscher nicht so gut wie eine Stichsäge. Zudem kann der enorme Funkenflug zu Beschädigungen am Fahrzeuglack führen. Die verursachten Späne sind extrem fein und können sich in jede Ritze eures Fahrzeugs verirren, was später unter Umständen zu Rostbildung führen kann.

Das beste Werkzeug zur Blechbearbeitung ist der sogenannte Blechknabber oder auch Blechnibbler. Das ist eine Maschine, die das Blech nicht schneidet, sondern mit sehr schnellen Hubbewegungen ausstanzt. Der Vorteil daran ist, dass ihr weder feine Späne noch eine scharfe Schnittkante erzeugt. Auch Kurven, enge Radien und welliges Blech lassen sich so ohne Probleme bearbeiten. Dennoch gehen wir davon aus, dass ihr euch für die Stichsäge entscheidet, da ihr diese spätestens beim Möbelbau wieder braucht.

DER SCHNITT

Setzt zunächst ein Loch in jede Ecke eures Fensterausschnittes. Das sollte mit einem größeren Metallbohrer passieren, der mindestens so groß ist wie das Blatt der Stichsäge. In diesen Löchern könnt ihr die Stichsäge ansetzen und später auch eure Kurven schneiden. Ist die Säge positioniert, heißt es Vollgas. Ohne viel Druck bewegt ihr die Stichsäge entlang der angezeichneten Linie. **Wendet auch bei den Kurven nur wenig Druck auf. Lasst ruhig die Säge für euch arbeiten.** Wenn ihr am Ende angekommen seid, ist es wichtig, den Ausschnitt vorm Herausfallen zu sichern. Dazu holt ihr euch am besten eine zweite Person zu Hilfe, oder ihr fixiert das Blech vorab mit Klebeband. Vor dem nächsten Arbeitsschritt prüft ihr, ob der Ausschnitt passt.

Die Bearbeitung der Schnittkante erspart Ärger während und nach dem Einbau des Fensters.

SCHNITTKANTE BEARBEITEN UND VERSIEGELN

Die Schnittkante ist nun sehr scharfkantig und besteht aus blankem Metall. Mit einer Flachfeile feilt ihr die Kante an, um sie zu entgraten. Das verhindert, dass sich Späne oder Schmutz festsetzen können. Die blanke Schnittkante behandelt ihr anschließend mit einer einfachen Grundierung oder direkt mit einer Rost-Stop- oder Epoxy-Grundierung. Das Auftragen geht am besten mit einem Pinsel oder einem kleinen Schwamm. Diese Methode ist wesentlich genauer, als die Grundierung aus der Sprühdose zu verarbeiten. Um die Farbe aus einer Sprühdose auf den Pinsel zu bekommen, sprüht ihr eine ordentliche Pfütze auf euer herausgeschnittenes Restblech oder in den Deckel der Sprühdose, um den Pinsel darin einzutauchen.

Unterschiedliche Klebstoffe für unterschiedliche Einsätze

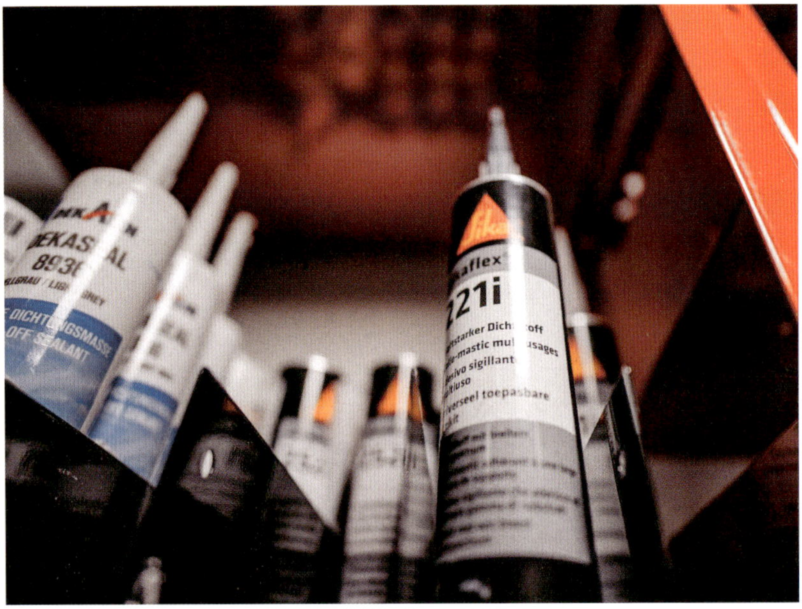

FENSTEREINBAU VORBEREITEN

Wenn die Versiegelung ausreichend getrocknet ist, könnt ihr sämtliches Klebeband entfernen und die Flächen mit einem Silikonentferner reinigen. Jetzt wird das Fenster eingesetzt. **Bevor ihr das Fenster für das Kleben vorbereitet, könnt ihr den Rand noch mal sauber mit Kreppband abkleben.** Das verhindert später eine größere Sauerei und unter Umständen lange Nacharbeiten, wenn sich der Kleber zwischen Fenster und Karosserie herausdrückt. Das Fenster sollte nun also passen, und ihr könnt den Kleber und die Flächen vorbereiten. Lest dazu auch gerne immer wieder die Einbauanleitung des Fensters, um wichtige Herstellervorgaben nicht zu vergessen.

Auf die richtige Verbindung kommt es an

Ein komplexes wie auch wichtiges Thema ist die Wahl des richtigen Dichtmittels / Klebers und dessen Verarbeitung.

Busbastler-Tipp: Wir halten es für ratsam, ein Campingfenster immer wieder gut entfernen zu können, um gegebenenfalls defekte Teile auszutauschen, daher sollte es nicht fest verklebt, sondern nur verdichtet werden.

Für alle, die ihre Fenster aber dauerhaft und sicher mit der Karosserie verbinden möchten, stellen wir die gängigsten und von uns empfohlenen Dichtmittel / Kleber vor und geben Tipps zur Verarbeitung.

DEKALIN DEKASEAL 8936

Dekalin Dekaseal 8936 ist ein hochwertiger, dauerhaft klebriger, nicht härtender, plastisch bleibender Dichtstoff auf Basis von Polyisobuten. Das bedeutet, dass man das überschüssige Material leicht mit einer kleinen Dekalin-Kugel abtupfen kann, ohne Rückstände zu hinterlassen. Dekaseal ist UV-beständig, jedoch nicht überlackierbar, lässt sich auch nach längerer Zeit rückstandslos entfernen und die Untergründe benötigen keine Vorbehandlung.

SIKAFLEX 221

Der multifunktionale Kleb- und Dichtstoff Sikaflex 221 ist ein vielseitig einsetzbarer Einkomponenten-Polyurethan-Dicht- und Klebstoff mit breitem Haftspektrum und ist für eine Vielzahl von Untergründen wie Metalle, keramische Werkstoffe und Kunststoffe geeignet. Er ist dauerelastisch und lässt sich nur mechanisch wieder entfernen.

SIKAFLEX 521 UV

Sikaflex 521 UV ist ein Kleb- und Dichtstoff auf Polymerbasis, der sehr witterungsbeständig ist. Er klebt auf einer Reihe von Untergründen wie Holz, Metall, Kunststoff usw., haftet stark und benötigt keine spezielle Vorbehandlung der Untergründe. Man kann Sikaflex nur mechanisch entfernen. Es eignet sich nicht nur für den Fenstereinbau, sondern beispielsweise auch für das Aufkleben von Solarpanelen oder der Unterkonstruktion für die Möbel.

WÜRTH KLEBT + DICHTET

Der Allrounder und Alleskleber »Würth Klebt + Dichtet« ist elastisch und hochfest. Er hat ein breites Einsatzspektrum und ist auch als Flächendichtung geeignet. Der Kleber von Würth ist nicht nur lebensmittelecht, sondern auch vibrations- und schalldämpfend, um nur ein paar Vorzüge zu nennen. Im Vanausbau wird er an verschiedenen Stellen verwendet und überzeugt als wahres Multitalent.

Busbastler-Tipp: Achtet immer auf die vom Hersteller angegebene Mindest-Materialstärke! Gerade dauerelastische Kleber brauchen meist ein paar Millimeter Platz, um ihre Arbeit sicher verrichten zu können.

VORBEHANDLUNG

Je nach Kleber oder Dichtmasse bedarf es einer gründlichen Vorbehandlung des Untergrundes – sei es durch Entfetten, Anschleifen oder Primern der Fläche. Welches Produkt welche Vorbehandlung benötigt, entnehmt ihr jeweils der Verpackung oder dem technischen Datenblatt. Grundsätzlich gilt aber für viele Klebstoffe, dass der Untergrund möglichst fettfrei sein muss, glatte Flächen aufzurauen sind und die richtigen Umgebungstemperaturen herrschen sollten. **Viele Dichtstoffe benötigen eine warme Umgebung, um verarbeitungsfähig zu sein oder damit die richtigen Trocknungs- bzw. Aushärtezeiten eingehalten werden können.** Material und Kleber sollten im besten Fall 15 bis 21 °C warm sein.

Wenn ihr die Oberfläche »primern« müsst, ist damit eine besondere Untergrundbehandlung gemeint, die eine hundertprozentige Haftung gewährleistet. Ein Primer ist ein Haftvermittler, der die Verbindung zwischen Kleber und Untergrund verbessert. Vor allem bei Dachfenstern, wo der Fahrzeuglack angegriffen wird und verwittert und der Kleber starken Belastungen ausgesetzt ist, sollte man grundsätzlich einen Primer auf die Klebefläche auftragen. Ihr findet ihn in vielen Bereichen, wo eine starke Haftung erwünscht ist: Im Kfz-Bereich unter Frontscheiben oder auf Kunststoff, um den Lackauftrag zu verbessern. Sogar beim Zahnarzt arbeitet man mit Primern, um eine bessere Haftung auf Keramik zu erreichen.

Bild rechts: Der Primerpinsel ermöglicht ein sicheres Auftragen des Haftgrundes.

Wir setzen das Fenster ein

DER HALTERAHMEN

Damit euer Fenster richtig mit der Fahrzeugkarosse verbunden werden kann, benötigt ihr einen Halte- oder Abstandsrahmen, weil ein Campingfenster meist eine Wandstärke von mindestens 20 Millimetern benötigt. (Das kommt aus der Sandwichbauweise von Wohnmobilen.) Da eure Karosse ja nur sehr dünn ist, müsst ihr diesen Rahmen selbst anfertigen. Keine Angst, das geht meist leichter als gedacht. Eigentlich reicht ein 20 bis 25 mm starkes Konstruktionsholz aus dem Baumarkt. Daraus fertigt ihr einen Rahmen, der rund um euren Ausschnitt geklebt wird. **Mit Schraubzwingen befestigt, kann der Kleber aushärten, und ihr habt nun einen Rahmen, mit dem das Fenster verschraubt wird.** Man kann sich solche Rahmen auch professionell vom Tischler anfertigen lassen, wenn es sich um komplizierte Einbauorte oder Fensterformen handelt.

Vorsicht bei Fenstern für die Seitenwand: Diese ist oftmals nicht gerade, sondern weist einen leichten Radius auf. Dafür gibt es spezielle Fenster und auch beim Einbaurahmen solltet ihr darauf achten, dass sich dieser der Kontur des Blechs anschmiegt. Das erreicht ihr, indem ihr den Rahmen an der vertikalen Seite etwa alle drei bis vier Millimeter mit einer Tischkreissäge einsägt. Alternativ könnt ihr einfach ein flexibles Material verwenden. Wenn ihr ein Fenster ohne diesen Radius einbaut, kann es passieren, dass ihr euch damit Falten ins Blech zieht.

FENSTER EINSETZEN

Sind alle Oberflächen bearbeitet und fettfrei und ist der Halterahmen befestigt, könnt ihr das Fenster samt Kleber / Dichtmasse einsetzen. Dieser kommt immer auf die Fensterseite in die dafür vorgesehene Klebebahn. Wenn es beim Einbauen überquillt, gibt es keinen Grund zur Sorge, denn für diesen Fall habt ihr ja die Karosserie-Außenseite abgeklebt. Am besten ist immer, ihr baut das Fenster zu zweit ein: Einer hält draußen das Fenster, der andere verschraubt oder verkeilt es innen mit den dazugehörigen Schrauben und Haltern. (Letztere sind nicht immer standardmäßig mit dabei. Schaut also, ob alles da ist, bevor ihr mit dem Einbau anfangt!) Beim Anziehen ist gleichmäßiges Schrauben das Wichtigste. Lasst euch Zeit und zieht nach und nach alle Schrauben oder Verbinder fest. Nun sollte das Fenster fest sitzen, und ihr könnt direkt loslegen, die vorhandenen Klebereste zu entfernen.

Bild links: Einfacher Halterahmen aus Konstruktionsholz

Busbastler-Tipp: Besorgt euch einen Klebstoffentferner vom Hersteller des Klebers, den ihr verwendet habt. Dieser funktioniert optimal, da der Hersteller am besten weiß, wie man seine Produkte wieder löst.

DACHFENSTER

Aufgrund der Schwerkraft und des dünnen Dachkleides eures Vans kann es beim Einbau von Dachfenstern zu unvorhergesehenen Schwierigkeiten kommen. Daher gibt es ein paar Punkte, die ihr auf jeden Fall beachten solltet. Wie ihr sicherlich schon bemerkt habt, befinden sich auf eurem Dach Sicken, die euch das Einbauen nicht besonders leicht machen. Diese Sicken sind dazu da, das Dachblech zu versteifen und den Fahrtwind über die Fahrzeugkarosse zu leiten. Versucht, eine Stelle für das Fenster zu finden, an der diese nicht so stark ausgeprägt sind. Ist das nicht möglich, müsst ihr Vorkehrungen treffen, damit das Dachfenster gerade aufliegt und abgedichtet werden kann. Hierzu gibt es mittlerweile sogenannte Hilfsrahmen, welche die Sicken ausfüllen und eine gerade Fläche zum Aufkleben erzeugen. Die Montage ist denkbar einfach: Zuerst wird der Hilfsrahmen aufgeklebt und danach wird er mit dem Dachfenster verbunden. Wer einen kleinen Hilfsrahmen selbst bauen möchte, der kann Schneidebretter aus Kunststoff verwenden. Ja, genau die, auf denen ihr bisher euer Gemüse geschnitten habt, sind super zum Ausfüllen der Unebenheiten auf dem Dach. Schneidet euch entsprechende Stücke zurecht und klebt sie zwischen die Sicken. Die ordentliche Vorbehandlung und das Primern des Daches sind dabei das A und O. Nach der Aushärtung des Klebers kann man das Dachfenster dann wie gewohnt aufkleben. Aber auch im Innenbereich bedarf es besonderer Aufmerksamkeit. Dadurch, dass ihr durch das Dachfenster selbst und den Holzrahmen, den ihr auch innen wie beim Seitenfenster anbringen müsst, einiges an Gewicht auf das Dach bringt, kann dieses je nach Position durchhängen. Das vermeidet man, indem man den Holzrahmen mit den inneren Querträgern des Daches verbindet. Somit bleibt das Dachfenster inklusive Holzrahmen in Position und verstärkt sogar das Dach rund um das Fenster.

Bild rechts: Sauber verfugte Dichtungsnaht

NACH DEM EINBAU

Wenn alles getrocknet und montiert ist, solltet ihr auf jeden Fall eine Dichtheitsprüfung machen. Ihr könnt euch sicherlich vorstellen, dass es nicht sonderlich cool ist, wenn euer Ausbau fertig ist und dann beim ersten Regenguss Wasser aus eurer Seitenverkleidung tropft. Denn wenn erst mal alle Möbel, Decken und Wände verbaut sind, ist es in den meisten Fällen sehr schwierig, noch mal an die Fenster ranzukommen. Also ab mit dem Auto unter die Dusche! **Lasst einfach mit einem Wasserschlauch einen ordentlichen Strahl Wasser über die eingebauten Fenster laufen.** Im besten Fall habt ihr auch hier eine zweite Person dabei, die währenddessen die Fensterinnenseiten beobachtet. Wasser geht oft die unmöglichsten Wege, weswegen man bei dieser Kontrolle ganz besonders sorgfältig sein sollte. Ist nach einer halben Stunde immer noch alles dicht, könnt ihr euch über eure selbst eingebauten Campingfenster freuen.

Welche Fenster für den Einbau in ein Fahrzeug zugelassen sind, lest ihr im Kapitel »Wohnmobilzulassung«.

Bild links: Wasser, Marsch! Jetzt heißt es »Daumen drücken«, dass das Fenster wirklich dicht ist.

Lasertip

–07– Elektrik

Grundlagen der Elektrik in eurem Van

Nun kommt ein Kapitel, das wohl ebenso wichtig wie trocken ist. Wer nach den nächsten Seiten noch nicht verstanden hat, um was es eigentlich geht, sollte grundsätzlich die Finger von der Elektrik in seinem Van lassen. Holt euch in diesem Fall Hilfe von befreundeten Profis oder lasst euch unterstützen. Schaut dazu gern in unser reichhaltiges Hilfsangebot auf busbastler.de

In diesem Kapitel geht es vor allem um das Thema Sicherheit und die praktische Anwendung. **Seid beim Thema Elektrik sehr sorgfältig und prüft alles zweimal. Schusselfehler werden nämlich meist nicht sofort bestraft, sondern immer dann, wenn ihr es nicht gebrauchen könnt.** Dass wir euch auf den nächsten Seiten das komplexe Thema nicht in seiner ganzen Bandbreite beibringen können, ist sicherlich jedem klar. Aber wir werden euch in die Bordelektrik eures Vans einführen und euch die vielfältigen Möglichkeiten aufzeigen, die eurem Bedarf gerecht werden. Anschnallen bitte – und los geht's.

ZWEI VERSORGUNGSARTEN: BORDSPANNUNG UND LANDSTROM

Die Lichtmaschine liefert zur Versorgung der Verbraucher (Licht, Radio usw.) während der Fahrt 12 Volt, bei manchen Fahrzeugen (Lkw) auch 24 Volt Gleichspannung. Überschüssige Energie wird in der Batterie gespeichert, um beim nächsten Start wieder den Anlasser betätigen zu können. Mit Landstrom wird hingegen die Versorgung des Fahrzeugs durch 230 Volt Wechselspannung über eine Außensteckdose bezeichnet.

Diese beiden verschiedenen Versorgungsarten werden beim Wohnmobil eingesetzt, um den Wohnbereich mit ausreichend Strom zu versorgen. Beginnen wir mit dem für uns wichtigsten System, und zwar dem 12-Volt-System.

12 VOLT GLEICHSPANNUNG

Ein 12-Volt-System besteht immer aus einer Plusleitung und einer Minusleitung. Diese Leitung gibt es einzeln, aber auch zweiadrig, um den Anschluss an den Verbraucher zu gewährleisten.

Die Plusleitung geht immer von der Sicherung zum Verbraucher, die Minusleitung geht auf eine Klemme an der Karosserie und von da aus auf den Minuspol der Batterie. Der Minuspol der Batterie ist immer an die Karosserie des Fahrzeugs angeklemmt. Somit ist euer Fahrzeug also eine große Minusleitung.

Die Basis für alle Berechnungen in den nächsten Abschnitten ist das ohmsche Gesetz.

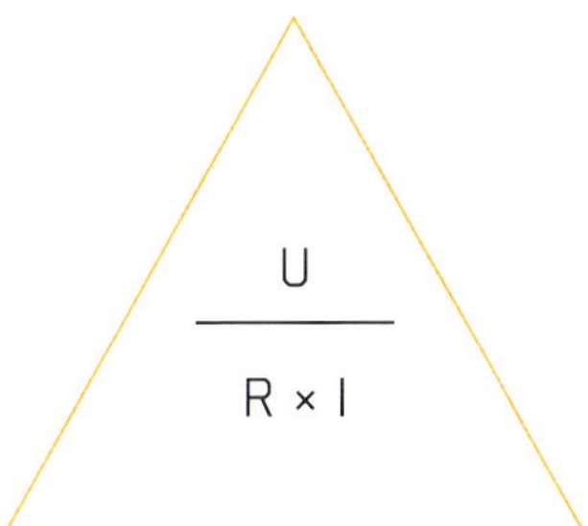

Formel: $U = R \times I$

U ist die Spannung in Volt, z. B. 1 V
R ist der Widerstand in Ohm, z. B. 1 Ω
I ist der Strom in Ampere, z. B. 1 A

Beispiel: Der Widerstand beträgt 10 Ohm und es fließen 5 Ampere. Wie groß ist die Spannung? Antwort: U = 10 Ohm × 5 Ampere = 50 Volt. Oder in Kurzform: $U = 10\,\Omega \times 5\,A = 50\,V$.

LEITUNGSQUERSCHNITT

Warum ist der Kabelquerschnitt so wichtig? Es geht immer darum, Spannungsverluste möglichst gering zu halten. Diese Verluste entstehen durch den ohmschen Widerstand der Kabel. Dabei erzeugt der Strom Wärme. Unser Ziel sollte es sein, die Verluste unter einem Prozent zu halten.

Der richtig dimensionierte Kabelquerschnitt ist wichtig, damit der Spannungsabfall so gering wie möglich bleibt. Bei zu dünnen Leitungen entsteht ein Verlust, der durch Wärme abgegeben wird. Ist das Kabel viel zu dünn, kann so viel

Wärme entstehen, dass die Isolierung schmilzt und es zu Bränden kommt. Hier sollte also zur eigenen Sicherheit der richtige Kabelquerschnitt verwendet werden.

Der oben erwähnte Spannungsabfall ist bei der geringen Spannung von 12 Volt besonders zu beachten. Je länger eine Leitung und je geringer der Durchschnitt ist, desto mehr fällt die Spannung ab. Das bedeutet, wenn z. B. der Laptop über ein zu langes und zudem zu dünnes Kabel angeschlossen ist, dann kommen von der Batterie bis zur 12-Volt-Steckdose vielleicht nur noch 10 Volt an und das Gerät kann unter Umständen nicht mehr geladen werden.

LEITUNGSMATERIAL

Es sollten stets Kupferleitungen benutzt werden. Eigentlich ist dies Standard, aber hier und da gibt es immer mal wieder Aluminiumleitungen, die im Fahrzeug aber nichts verloren haben. Auch Leitungen aus dem Car-HiFi-Bereich sind nicht unbedingt geeignet, da sie meist einen höheren Widerstand haben. Die Verwendung von starren Leitungen ist grundsätzlich nicht zulässig, weil sie durch starke Vibrationen (z. B. beim Fahren) brechen könnten. Es ist wichtig, Leitungen zu kaufen, die für den Einsatz im Kfz vorgesehen sind. Das sind sogenannte Litzenkabel. Die Kupferleitung besteht hier aus vielen kleinen Drähten.

LEITUNGSLÄNGE UND -QUERSCHNITT

Haltet die Kabel immer so kurz wie möglich. Das ist der erste Schritt, um Verluste zu vermeiden. Haltet die Leitungen da am kürzesten, wo die höchsten Ströme fließen. Zum Beispiel zwischen Batterie und Solar-Laderegler, zwischen Batterie und Wechselrichter, zwischen Solar-Laderegler und Solarpanels oder auch zu stromhungrigen Geräten. **Eine Leitung kann eigentlich nie zu dick sein, nur zu dünn. Deshalb ist es sinnvoll, den Kabelquerschnitt zu berechnen.** Hierbei hilft folgende Formel auf Grundlage eines Kupferkabels (Cu) und dessen Widerstandes (Ohm).

$$\text{Querschnitt} = \frac{\text{Länge der Leitung} \times \text{maximaler Strom} \times \text{spezifischer Widerstand von Kupfer (Cu) in Ohm pro mm}^2}{\text{Verlustfaktor} \times \text{Spannung}}$$

Mit dieser Formel könnt ihr nun alle Querschnitte passend zur Kabellänge berechnen. Beispiel:

$$\text{Querschnitt} = \frac{5\text{ m (Leitung)} \times 6{,}5\text{ A (Kühlschrank)} \times 0{,}0175\,\Omega/\text{mm}^2}{0{,}01 \times 12\text{ Volt}} = 4{,}7\text{ mm}^2$$

BATTERIELEISTUNG BERECHNEN

Bei der sogenannten Zweitbatterie (Aufbaubatterie), die euren Wohnraum mit Strom versorgt, ist es natürlich wichtig, deren Größe zu bestimmen. Es gibt nichts Schlimmeres, als eine zu kleine Batterie für zu viele Verbraucher zu haben. Aber auch das kann man ganz einfach ausrechnen. Die einzelnen Werte zum Verbrauch findet ihr direkt an euren Verbrauchern. Fehlt die Ampereangabe, könnt ihr sie über die Gleichung I = P / U ermitteln.

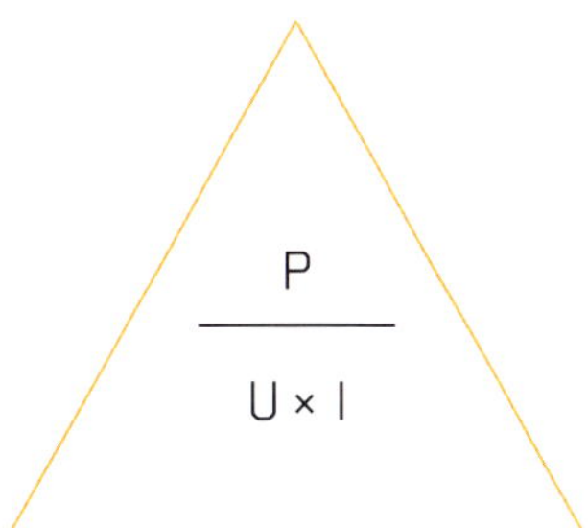

$P = U \times I$
$U = P / I$
$I = P / U$

U ist die Spannung in Volt, z. B. 1 V
I ist der Strom in Ampere, z. B. 1 A
P ist die Leistung in Watt, z. B. 1 W

Wir haben mal einen typischen Durchschnittsverbrauch ausgerechnet und hier als Beispiel angefügt:

Kühlschrank:	6 A Strom bei ca. 8 Stunden Laufzeit pro Tag	48 Ah
Licht:	3 A Strom bei ca. 4 Stunden Laufzeit pro Tag	12 Ah
Handy:	3 A Strom bei ca. 3 Stunden Laufzeit pro Tag	9 Ah
Standheizung:	4 A Strom bei ca. 8 Stunden Laufzeit pro Tag	32 Ah
Diverse:	5 A Strom bei ca. 3 Stunden Laufzeit pro Tag	15 Ah
Gesamtverbrauch:		116 Ah pro Tag

Würdet ihr also eine 116-Ah-Batterie mit diesem Tagesverbrauch belasten, wäre sie danach leer. Aber keine Angst, unser Beispiel ist enorm großzügig angelegt und soll euch nur einen Denkanstoß zur Berechnung eures Verbrauches geben. Zudem sind nicht alle Batterien gleich, denn hier gibt es je nach Art eurer Aufbaubatterie riesige Unterschiede, wie ihr diese belasten könnt.

Eine LiFePO4-Batterie hat ordentlich Bumms!

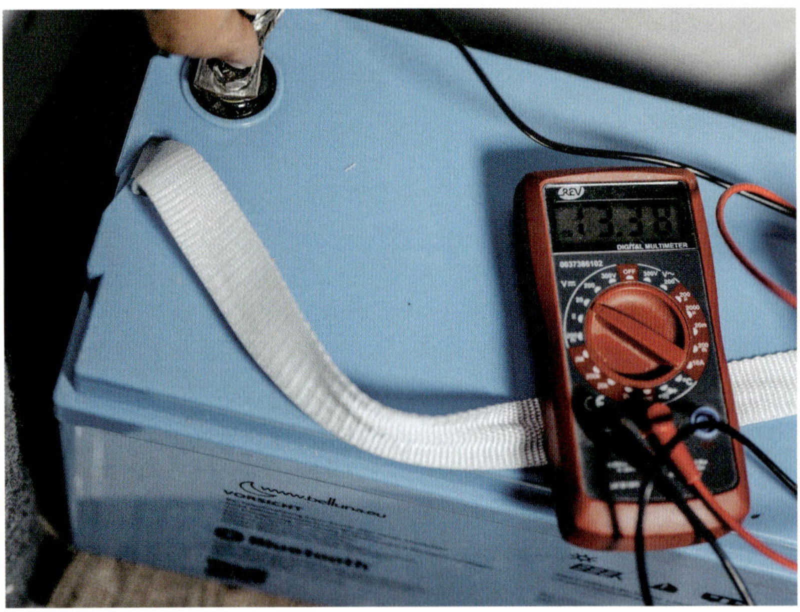

Welche Arten von Batterien gibt es?

BLEI-SÄURE-BATTERIEN

Die häufigste Klasse der Autobatterien sind Blei-Säure-Akkus. Sie gehören zu den Nassbatterien (genauer gesagt: Kalzium-Nassbatterien), das bedeutet, der Elektrolyt ist flüssig und meistens in destilliertem Wasser gebunden. In diesen Batterien bilden sich Gase, die bei offenen Modellen entweichen; das Wasser verdunstet. Deshalb muss der Füllstand regelmäßig geprüft werden. Die heute üblichen Bleiakkus haben jedoch so gut wie immer ein geschlossenes Gehäuse, sie sind verschweißt und haben ein Überdruckventil. Diese Nassbatterien sind wartungsfrei. Bleiakkus sind als Starterbatterie am beliebtesten, weil sie zuverlässig sind und ein gutes Preis-Leistungs-Verhältnis bieten. Als Starterbatterie sind diese immer noch eine gute Wahl. Als Aufbaubatterie sind sie allerdings nicht so gut geeignet. Sie können ausgasen und sollten deshalb nicht im Wohnraum transportiert werden. Zudem sind sie recht schwer und vertragen lange Leerlaufzeiten und unregelmäßige Ladezyklen (Solar) nicht so gut.

AGM-BATTERIEN

Sie sind eine Unterklasse der (geschlossenen) Blei-Akkumulatoren. AGM steht für Absorbent Glass Mat, sie enthalten also, lose übersetzt, eine aufsaugende Glasschicht. Der Elektrolyt ist in einem Glasfaservlies gebunden. Man nennt sie deshalb auch VRLA-AGM oder Blei-Vlies-Akkus. Sie funktionieren lageunabhängig und sind rüttelfest. Weil sich AGM-Batterien bei Nichtgebrauch gut lagern lassen, eignen sie sich als wenig genutzter Zweit- oder Ersatzakku oder für Fahrzeuge mit langen Standzeiten. Daher sind AGM-Batterien mittlerweile zum etablierten Erstausrüster für diverse Ausbauer und Wohnmobilhersteller avanciert. Sie sind günstig, lange haltbar und vertragen unregelmäßige Ladezyklen. Zudem können sie ohne Probleme im Innenraum positioniert werden.

GELBATTERIEN

Gelbatterien enthalten gelierte Säure. Sie können stark entladen werden und kommen deshalb vor allem da vor, wo viel elektrischer Strom benötigt wird, zum Beispiel in Fahrzeugen mit besonderer elektrischer Ausrüstung und Rollstühlen mit elektronischem Antrieb. Auch sie sind verschlossen und können liegend verbaut werden.

LiFePO4-BATTERIEN

Neben den altbekannten Batterien kommen schon seit Längerem neue Materialien zum Einsatz. Deshalb gehen wir hier auf die wohl beste Wahl bei der Batterie ein: die LiFePO4-(Lithium-Eisenphosphat-)Batterie. Das Erste, was immer sofort auffällt, ist der noch sehr viel höhere Preis im Vergleich zu AGM- und Blei-Batterien. Dazu muss gesagt werden, dass mit einer LiFePO4-Batterie die Solaranlage kleiner gewählt werden kann, sie mehr Ladezyklen aushält und viel Gewicht einspart. Sie ist bei gleicher Leistung bis zu 70 Prozent leichter als eine Blei-Säure- oder AGM-Batterie. Die Energiedichte beträgt bei LiFePO4-Batterien 90 bis 110 Wh / kg (7,5 bis 9,15 Ah / kg). Bei Blei-Batterien sind es lediglich 30 Wh / kg (2,5 Ah / kg).

LiFePO4-Batterien benötigen ein Batterie Management System (BMS). Dieses ist entweder schon in / an den Batterien verbaut, oder es wird separat angeschlossen und kann in den meisten Fällen per Bluetooth ausgelesen werden. **Die Hauptenergiequelle für die Lithiumbatterie sollte eine Solaranlage sein. Damit ist ein autarkes Stehen wesentlich einfacher und auch auf einem Stell- oder Campingplatz muss nicht immer sofort ein Kabel gelegt werden, um das Batterieladegerät mit Spannung zu versorgen.** Nach einer Umrüstung muss nicht unbedingt ein neues Ladegerät gekauft werden. Achtet bei den verschiedenen Lademodi auf die Absorptionsspannung und stellt das Ladegerät entsprechend ein. In den meisten Fällen passen die Werte für Nassbatterien mit einer Absorptionsspannung von 14,3 bis 14,4 Volt. Lithiumbatterien sollten auf einem Ladezustand von 50 Prozent gehalten werden, darum achtet darauf, wenn ihr doch länger am Landstrom angeschlossen seid, dass die Erhaltungsladung von 13,5 Volt nicht überschritten wird. Schaltet das Ladegerät dann besser aus. Es gibt verschiedene Mischungen von Lithiumbatterien. Zum einen die LiFePO4, und zum anderen die ganz ähnlich klingende LiFeYPO4. Der Unterschied: Das Y im Namen steht für Yttrium. Yttrium verleiht den Batterien bessere Eigenschaften bei Temperaturen unter null Grad.

12,8-V-LiFePO4-Batterien bestehen aus vier Lithium-Einzelzellen, welche im Vergleich zu Blei-Batterien überaus robust sind – solange sie in einem Spannungsfenster von 11 bis 14,5 V betrieben werden. Sowohl Über- als auch Tiefentladung sind meist tödlich für die Zellen und müssen verhindert werden. Aus diesem Grund wird auf jede Zelle in der Batterie ein Modul montiert, welches vier Funktionen hat:

- Signal bei Überspannung (mehr als 3,75 V)
- Signal bei Unterspannung (weniger als 2,75 V)
- Signal bei Übertemperatur (mehr als 50 °C)
- Schaltung eines Balancerstroms von 0,7 A ab einer Spannung von 3,35 V

Diese Signale werden über Datenkabel aus der LiFePO4-Batterie geleitet und von einem Batterie Management System (BMS) überwacht. Dieses BMS sorgt für eine Systemabschaltung bei Übertemperatur oder Über-/Unterspannung der LiFePO4-Batterie.

DIE WICHTIGSTEN KENNGRÖSSEN VON BATTERIEN

Wenn ihr nach Batterien schaut, werdet ihr Angaben wie C1, C5, C10 oder C20 entdecken. Da die Kapazität einer Batterie vom zu entnehmenden Strom abhängig ist, gibt es diese Kenngrößen. Je höher der entnommene Strom ist, desto geringer ist die verfügbare Gesamtkapazität. C1 bedeutet, dass die Gesamtkapazität innerhalb einer Stunde entnommen wird, C5, dass die Kapazität bei der vollständigen Entladung innerhalb von fünf Stunden erreicht wird.

Als Beispiel sehen wir uns die verschiedenen Kapazitätswerte für eine SBG-12100-GEL-Batterie (100 Ah) an:

- C1 = 60,7 Ah, d. h. eine Stunde lang können 60,7 A bis zur vollständigen Entladung entnommen werden.

- C5 = 73 Ah, d. h. fünf Stunden lang können 14,6 A ebenfalls bis zur vollständigen Entladung entnommen werden, die verfügbare Batteriekapazität ist also bei der geringeren Stromentnahme um 17 Prozent höher.

- C10 = 82 Ah, d. h. zehn Stunden lang können 8,2 A entnommen werden, ehe die Batterie vollständig entladen ist; die Kapazität ist jetzt bereits 26 Prozent höher als bei einstündiger Entladung.

- C20 = 100 Ah (Nennwert der Batterie), jetzt können über 20 Stunden 5 A entnommen werden, die Kapazität der Batterie ist damit am höchsten.

LADESCHLUSSSPANNUNG

Die Ladeschlussspannung ist die Spannung, die während des Ladevorgangs nicht überschritten werden darf. Wird sie überschritten, kommt es zur Gitterkorrosion, was sich durch »Gasen« der Batterie bemerkbar macht. Es entsteht dabei hochexplosives »Knallgas« und die Batterie wird dauerhaft geschädigt. Während Nassbatterien das kurzzeitige Überschreiten dieser Ladeschlussspannung noch halbwegs verkraften, ohne sofort zerstört zu werden, reagieren AGM- und Gelbatterien auf eine Überschreitung der Ladeschlussspannung extrem sensibel.

Die Höhe der Ladeschlussspannung ist von der Batterietechnologie abhängig. Je nach Hersteller liegt sie bei 14,7 V für Nassbatterien und 14,4 V für AGM- und Gelbatterien.

ERHALTUNGSSPANNUNG / LADEERHALTUNG

Die Erhaltungsspannung ist die Spannung, die das Ladegerät nach dem Volladen halten soll, um der Selbstentladung der Batterie entgegenzuwirken. Die Erhaltungsspannung ist für alle Batterietypen gleich und liegt normalerweise bei 13,7 bis 13,8 V.

ENTLADESCHLUSSSPANNUNG

Die Entladeschlussspannung ist die Spannung, die beim Entladen nicht unterschritten werden darf. Wird die Batterie dennoch weiter entladen, kommt sie in den Bereich der Tiefentladung und wird geschädigt. Bei 8 Volt könnt ihr beispielsweise sicher sein, dass eure Batterie tiefentladen und zu 99 Prozent defekt ist.

Bild rechts: Busbastler-Dozent Sven in seinem Element

VOTRONIC
Switch Unit 40

Wie lade ich meine Aufbaubatterie auf?

Ein Thema, worauf ihr wahrscheinlich alle schon gewartet habt. Jetzt kommen wir zu Bauteilen wie Ladebooster, Trennrelais und Solaranlage. Denn all das sind Hilfsmittel, die eure Zweitbatterie während der Fahrt über die Lichtmaschine oder im Stand über Sonnenenergie wieder aufladen können. Wir gehen alle Möglichkeiten durch und erläutern diese näher.

TRENNRELAIS

Dieses Relais ermöglicht euch, eure Aufbaubatterie über die Starterbatterie zu laden, genauer gesagt über die Lichtmaschine eures Fahrzeugs. Es wird einfach zwischen Starterbatterie und Aufbaubatterie angeschlossen und bekommt ein Lichtmaschinensignal (D+). Dieses Signal gibt die Lichtmaschine nach Starten des Motors ab und signalisiert damit, dass diese jetzt lädt. Eure Lichtmaschine hat dabei ausreichend Kapazität, um eine zweite Batterie laden zu können. Das Trennrelais schließt nach dem Starten des Motors den Stromkreis zu eurer Zweitbatterie. **Dieses einfache Trennrelais gibt es auch geregelt, d. h. dass das Trennrelais beide Batteriespannungen permanent überwacht und somit genau schaut, welche Batterie die meiste Zuwendung benötigt.** Das schont vor allem die Starterbatterie des Motors, die immer mit höchster Priorität geladen wird. Meist haben Trennrelais auch eine Notfallbrücke. Das bedeutet, dass beim Ausfall der Starterbatterie (Fahrzeug springt nicht mehr an) das Relais gebrückt werden kann und ihr das Fahrzeug mit der Aufbaubatterie starten könnt. Das Trennrelais sollte immer in eure Stromplanung eingeplant werden, weil das die einfachste und schnellste Art ist, eure Aufbaubatterie zu laden. Vor allem bei Leuten, die viel fahren, ist das ein absolutes Muss.

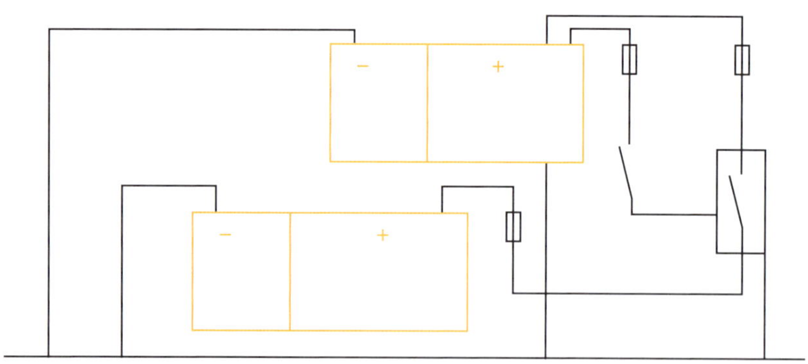

LADEBOOSTER

Er ist der Minicomputer unter den Trennrelais, mit vielen wichtigen Eigenschaften vor allem bei modernen Fahrzeugen. Ihr habt schon bemerkt, dass viele Batterien konstant geladen werden müssen. Moderne Lichtmaschinen allerdings geben keine konstanten 14 Volt mehr aus, da diese wegen der hohen technischen Anforderungen im Fahrzeug von diesem geregelt werden. Das verhindert natürlich ein sicheres Laden eurer Aufbaubatterie. Deswegen kommen sogenannte Ladebooster zum Einsatz. Sie erkennen, ob der Motor läuft, und heben die niedrige Lichtmaschinenspannung auf die erforderliche Leistung an. Doch sie können noch viel mehr:

> Ladebooster sorgen für hohe Ladeleistung selbst bei kurzen Fahrstrecken bzw. Vollladung bei längerer Fahrt.

> Sie erhöhen / vermindern die Spannung auf das nötige Niveau, um die Bordbatterie mit der für sie optimalen Ladekennlinie präzise aufladen zu können.

> Sie gleichen Leitungsverluste und Spannungsschwankungen der Lichtmaschine, wie sie z. B. bei Euro-6-Fahrzeugen (intelligente Lichtmaschinen) in erheblichem Maße vorkommen, vollständig aus.

> Die Energiebilanz der Bordbatterie ist ohne Eingriff in den Starterkreis deutlich besser.

> Mitversorgte 12-V-Verbraucher werden gegen Überspannung und Spannungsschwankungen geschützt.

> Die Ladespannung ist frei von Spitzen und so geregelt, dass ein Überladen der Batterien ausgeschlossen ist.

> Vollautomatischer Betrieb: Das Gerät ist ständig mit den Batterien verbunden und wird durch die laufende Lichtmaschine des Fahrzeugs automatisch aktiviert. Bei stehendem Motor werden die Batterien nicht entladen.

- Parallel- und Puffer-Betrieb: Bei gleichzeitigem Verbrauch wird die Batterie weiter geladen bzw. voll erhalten. Die Anpassung der Ladezeiten berechnet und überwacht das Gerät automatisch.

- Überwachungsfreie Ladung: Mehrfacher Schutz gegen Überlast, Überhitzung, Überspannung, Kurzschluss, Fehlverhalten und Batterie-Rückentladung durch elektronische Abregelung bis hin zur vollständigen Trennung von Gerät und Batterie.

- Eingebauter Bordnetzfilter: Problemloser Parallelbetrieb mit weiteren Ladequellen (EBL-Ladegeräte, Motor- und Brennstoff-Generatoren, Solaranlagen) an einer Batterie.

- Ladekabel-Kompensation: Spannungsverluste auf den Ladekabeln werden automatisch ausgeregelt.

- Anschluss für Batterie-Temperatur-Sensor: Bei Blei-Batterien (Säure, Gel, AGM) erfolgt die automatische Anpassung der Ladespannung an die Batterie-Temperatur, bewirkt bei Kälte eine bessere Vollladung der schwächeren Batterie, bei sommerlichen Temperaturen wird unnötige Batteriegasung vermieden.

- LiFePO4-Batterien: Batterieschutz bei hohen und insbesondere bei tiefen Temperaturen < 0 °C.

- Ladehilfe für tiefstentladene Blei-Batterien: Schonendes Vorladen der (Blei-Säure-, Gel-, AGM-)Batterie bis 8 V, dann kraftvolle Unterstützung der Batterie bei eventuell noch eingeschalteten Verbrauchern.

Quelle: Datenblatt Votronic Ladebooster VCC 1212-30

SOLARANLAGE

Für viele immer noch ein faszinierendes Thema, hat Solar in den letzten Jahrzehnten doch an technischer Ausgereiftheit dazugewonnen und ist für Otto Normalverbraucher zum erschwinglichen Must-have geworden. Vor allem beim Vanausbau ist die Solaranlage nicht mehr wegzudenken, was auch logisch ist. Ihr steht am Strand und genießt die Sonne, die in dem Moment nicht nur eure Körper bräunt, sondern auch eure Aufbaubatterie mit Strom versorgt. **Die Solaranlage, genauer gesagt die Photovoltaikanlage, wandelt mithilfe von Solarzellen Sonneneinstrahlung in elektrische Energie um. Sie ist besonders für autarkes Campen eine sinnvolle Investition.** Die Solarzellen sind auf Modulen angebracht, die in verschiedensten Leistungen und Abmessungen zu bekommen sind. Die Leistung wird dort in Watt Peak angegeben. Das ist ein Wert aus dem Labor, der in der Praxis selten bis nie erreicht wird. Zu berücksichtigen ist auch, dass die Leistung der Module durch unterschiedliche Einstrahlwinkel der Sonne stark schwankt. Wir unterscheiden zwei Arten von Modulen: monokristalline und polykristalline Module.

Modernste Solartechnik fängt die Sonne ein.

MONOKRISTALLINE UND POLYKRISTALLINE MODULE

Monokristalline Module sind immer etwas teurer, weil sie in der Herstellung aufwendiger sind als polykristalline Module. Sie haben einen höheren Solarertrag, somit kann die gesamte Anlage flächenmäßig kleiner ausfallen. Diese Vorteile sind im Umkehrschluss die Nachteile der polykristallinen Module. Beide Modularten gibt es mit 12 Volt und 24 Volt. Wobei das streng genommen nicht ganz richtig ist, denn es handelt sich eher um 18 Volt und 36 Volt. Jede Zelle des Solarmoduls liefert 0,5 Volt. Ein Modul mit 36 Zellen hat somit 18 Volt.

WIE GROSS MUSS MEINE SOLAR- / PHOTOVOLTAIKANLAGE SEIN?

Eine Photovoltaik-Anlage sollte so ausgelegt sein, dass sie es immer schafft, die Aufbaubatterie komplett zu 100 Prozent zu laden. Als Faustformel gilt: Die Leistung der Batterie mal den Faktor von 1,25. Bei einer 180-Ah-Batterie sollten die Module also eine Leistung von 225 Watt haben: 180 Ah × Faktor 1,25 = 225 W.

SOLARLADEREGLER

Der Solarladeregler wird benötigt, um die von der Sonne gelieferte Energie mit optimaler Ladekennlinie an die Batterie weiterzugeben. Dieser hat einen Plus- und Minus-Eingang, die von den Solarpanelen kommen, und einen Plus- und Minus-Ausgang für die zu ladende Aufbaubatterie. Zudem gibt es noch einen 12-Volt-Ausgang für eure Bordnetzversorgung. Diese könnt ihr über den Regler steuern und somit zusätzlich Verbrauch und den Tiefentladungsschutz überwachen.

PWM-SOLARLADEREGLER

Der PWM-Regler ist im Prinzip ein Schalter, der eine Solaranlage mit der Batterie verbindet. Als Ergebnis wird die Spannung der Solaranlage fast auf die Spannung der Batterie heruntergezogen. Er ist immer das günstigere Produkt, aber leider nicht das effizienteste.

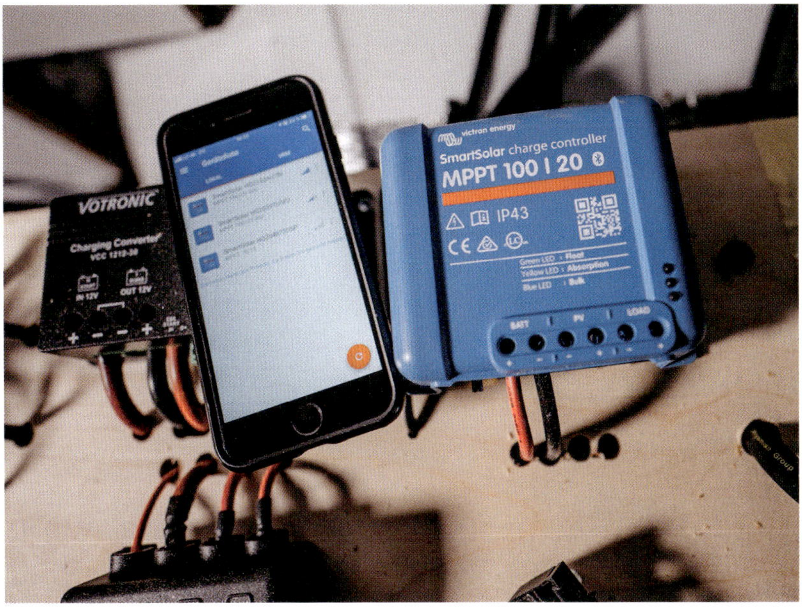

Der MPPT-Regler von Victron mit Smartphone-App

MPPT-SOLARLADEREGLER

Unserer Erfahrung nach ist der MPPT-Regler wesentlich teurer, aber auch um einiges effizienter und wird deshalb von uns empfohlen. Er passt seine Eingangsspannung so an, dass die Solaranlage die maximale Leistung erbringt. Dann wird diese Energie umgewandelt, um die variierenden Spannungsanforderungen der Batterie und der damit verbundenen Last zu versorgen. Auf diese Weise entkoppelt er im Prinzip die Anlage und die Batteriespannung. So kann sich zum Beispiel auf der einen Seite des MPPT-Ladereglers eine 12-Volt-Batterie befinden und auf der anderen Seite Solarmodule, die in Serie geschaltet sind, um 36 Volt zu erzeugen.

Viele Regler kann man mittlerweile per Bluetooth und App überwachen und einstellen, z. B. auch die richtige Ladekennlinie für die verbaute Aufbaubatterie.

Busbastler-Tipp: Wer die beste Solarenergieausbeute erreichen möchte, darf bei den einzelnen Komponenten nicht sparen.

WELCHE BAUTEILE BRAUCHT EINE SOLARANLAGE NOCH?

- Solar-Stecker MC4
- Geeignete Leitungen
- Halterung für die Module
- Kleber für Dachhalterung
- Dachdurchführungen
- Y-Stecker zum Verbinden mehrerer Module
- Zuleitung vom Solarregler zur zweiten Batterie
- Zweite Batterie als Speicher

TRANSPORTABLE SOLARMODULE

Damit ein Solarmodul effizient arbeiten kann, sollte es immer zur Sonne ausgerichtet sein, es sollte nicht stark bewölkt sein und im Schatten sollte es auch nicht unbedingt stehen. Ihr seht also, dass es fest auf dem Autodach verbaut wahrscheinlich nur selten seine volle Leistung entfalten kann. **Optimal wäre, wenn man es aufstellen könnte, um so einen besseren Einfallwinkel der Sonnenstrahlen zu erreichen.** Aber auch für dieses Problem gibt es seit einiger Zeit eine tolle Lösung: Das faltbare und transportable Solarmodul. Es wird einfach aus dem Kofferraum geholt und aufgestellt. Mit einem Blick auf den Solar-Laderegler könnt ihr die ertragreichste Position bestimmen. Kabel und Solarregler sind je nach Ausführung schon dabei. So kann man bequem im Schatten stehen und mittels Verlängerungskabel das Panel weiter weg vom Van aufstellen. Aber Vorsicht: So ein Panel kann man auch recht einfach klauen!

Bild links: Auch das Verschrauben eines Solarpanels auf dem Dach ist möglich.

Was braucht ihr noch in eurem Van?

Dies ist keine echte Öllampe – LED-Technik mit Flackeroptik hinter Milchglas macht's möglich!

LICHT

Eure Stromversorgung steht, doch wohin mit all der Energie? Natürlich darf Licht im Van nicht fehlen. Von LED-Spots bis hin zur LED-Lichtleiste, von Farbwechslern bis zu dimmbaren Lampen – einfach alles ist möglich, was auf 12 Volt Gleichspannung läuft. LEDs sind dafür absolut super geeignet und werden mittlerweile auch standardmäßig von den Automobilherstellern verwendet. Gutes Licht bei sehr geringer Stromaufnahme, das ist zeitgemäß. Achtet darauf, dass ihr nicht die billigsten Lichtquellen kauft, Qualität ist im Van wichtig, da das Material extremen Bewegungen und Temperaturschwankungen ausgesetzt sein wird.

SCHALTER

Auch bei Schaltern lautet die Devise: Wer billig kauft, kauft zweimal. Nicht jeder schöne Lichtschalter hält, was er verspricht. Der Schalter unterbricht oder schließt die Stromzufuhr zu euren Verbrauchern, die ihr schalten wollt. Angeschlossen werden sie ganz einfach in die Plusleitung eures Verbrauchers. Das ist Vorschrift, denn wenn man Minus schalten würde und irgendetwas käme zwischen Masse und Klemme, wäre der Verbraucher aktiv. Achtet darauf, dass im Badbereich alle Schalter wasserdicht und die, welche ihr im Dunkeln erreichen müsst, vielleicht sogar beleuchtet sind. Auch hier sind eurer Kreativität keine Grenzen gesetzt.

USB-STECKDOSEN

Davon kann man nicht genug haben, in der heutigen Welt sind USB-Steckdosen unfassbar wichtig. Die Auswahl an guten Steckdosen ist groß. **Macht euch vor dem Verlegen der Kabel auf jeden Fall Gedanken, wo ihr überall Steckdosen braucht und wie viele. Sollten euch welche im Fahrerhaus fehlen, baut euch da ruhig auch ein, zwei Steckdosen ein.** Während der Fahrt mal ein Handy laden und dieses als Beifahrer direkt nutzen zu können, ist doch praktisch. Angeschlossen werden die Dosen ganz einfach über 12 Volt Plus und Minus und sie sollten mit 5-Ampere-Sicherungen abgesichert sein, um die Geräte zu schützen.

WECHSELRICHTER

Für alle, die unterwegs ohne Landstromanschluss eine 230-Volt-Steckdose benötigen, ist der Wechselrichter die richtige Wahl. Dieser wandelt eure 12-Volt-Gleichspannung in eine 230-Volt-Wechselspannung um. Für diesen Vorgang braucht er allerdings selbst Energie. Das bedeutet, nicht nur euer angeschlossener Verbraucher, sondern auch der Wechselrichter selbst ziehen an eurer Bordbatterie. Größe und Art des Wechselrichters sind abhängig von den angeschlossenen Verbrauchern. Wollt ihr einen Fön mit 1500 Watt Leistung betreiben, braucht ihr mindestens 2000 Watt im Wechselrichter. Wir laden meist nur Laptops und Kameras über diesen Wechselrichter und benötigen deshalb nur 500 Watt. Zudem ist die Art der Sinuswelle entscheidend. Was für 'ne Welle? Okay, wir zeigen es euch kurz.

Modifizierte Sinusspannung:

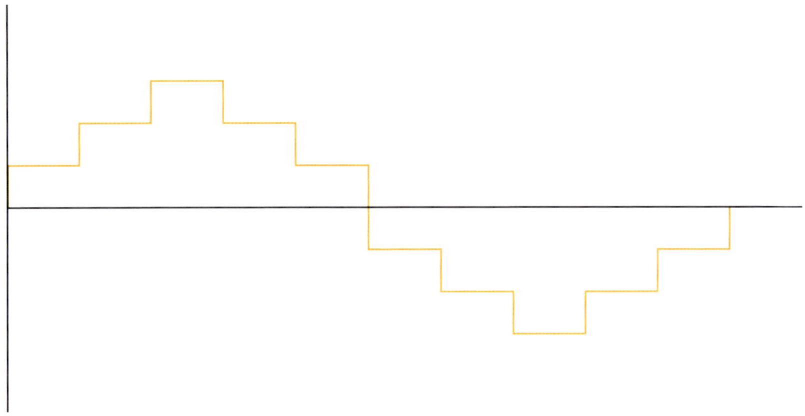

Die Spannungskurve bildet in einer Treppenform die reine Sinusspannung nach. Das Ergebnis ist eine spannungs- und frequenzstabile Ausgangswechselspannung. Diese Spannung vertragen Geräte wie Wasserkocher, Lampen und Toaster.

Reine Sinusspannung:

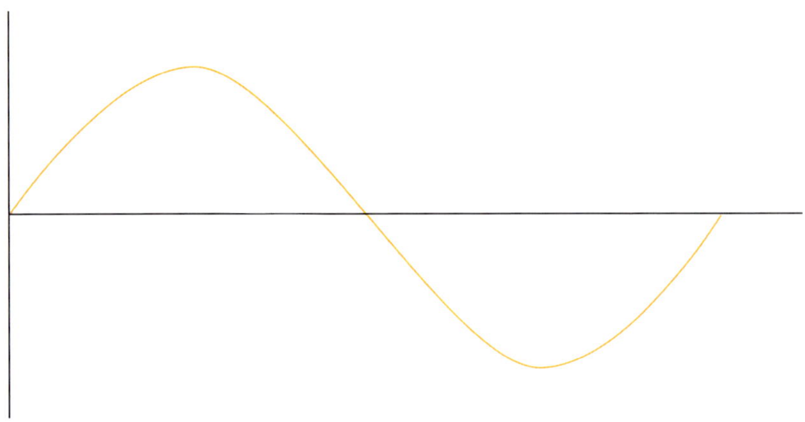

Durch einen Mikroprozessor wird die Spannung quarzgenau geregelt. So erreicht diese Art von Wechselrichter eine lupenreine, konstante Sinuskurve wie die Steckdose zu Hause. Damit können dann alle Geräte betrieben werden, die es gerne ganz genau mit der angelegten Wechselspannung nehmen – Laptop, Fernseher, Kaffeemaschinen mit Pumpe, elektronische Ladegeräte. Das schlägt sich auch im Preis nieder, denn Wechselrichter mit reiner Sinusspannung sind meist auch teurer.

Busbastler-Tipp: Habt ihr Geräte, die sehr empfindlich und teuer sind, solltet ihr euch für den teuren Wechselrichter entscheiden.

Angeschlossen wird der Wechselrichter direkt an die Zweitbatterie und er sollte bei Nichtbenutzung immer ausgeschaltet sein. Einige haben eine automatische Ruheabschaltung integriert. Das Abschalten soll das Leerziehen der Batterie verhindern.

SHUNT UND BORDCOMPUTER

Um eure Elektrik im Blick zu behalten – was kommt in die Zweitbatterie und wie hoch ist euer Verbrauch –, gibt es einige kleine Helferlein, die euch dabei unterstützen, euer Strommanagement im Blick zu behalten. Dazu werden einige Bauteile benötigt, die wir euch hier kurz vorstellen.

Als Bordcomputer bezeichnet man eine Anzeige, die euch alles über den Ladezustand der Zweit- oder optional auch der Starterbatterie mitteilt. **Der Bordcomputer zeigt euch also, wie viel Energie über den Solarladeregler, den Landstromanschluss oder den Ladebooster reinkommt oder wie groß der aktuelle Verbrauch ist.** Er rechnet euch auch oftmals aus, wie lange ihr eure Verbraucher unter den aktuellen Umständen noch autark betreiben könnt.

Diese Computer gibt es in sehr vielen Variationen und Preisklassen, ob einfach per LED-Anzeige oder per Touchpad, aber auch über die Smartphone App. Hier könnt ihr je nach Wunsch und Budget das passende für euch auswählen. Damit der Bordcomputer aber überhaupt etwas anzeigen kann, braucht er ein Messgerät, das im Hintergrund diverse Werte ermittelt und weiterleitet. Dieses Bauteil nennt man Shunt.

Als Shunt bezeichnet man einen Messwiderstand, der in Reihe zu den Verbrauchern geschaltet wird. Er misst den exakten Stromfluss im System. Der Shunt ermöglicht es, die Restkapazität der Batterie oder die gerade benötigte Leistung mithilfe eines Bedienpanels genau anzuzeigen. Ein Solarladeregler kann das auch (nur für Verbraucher, die an diesen angeschlossen werden), aber der Shunt ist wesentlich genauer.

Der Shunt wird so nah wie möglich an der Batterie, an der die Verbraucher angeschlossen sind, montiert. Dort wird er dann mit dem Minuspol der Batterie verbunden. Die Verbraucher werden an die andere Seite des Shunts angeschlossen. Dazu kann man eine Hauptleitung zu einem Verteiler und / oder Anschlusspunkt führen. Die Platine am Shunt benötigt zum genauen Messen noch eine Plusleitung.

Wer sich das Thema Elektrik selbst nicht zutraut, ist im passenden Busbastler-Workshop gut aufgehoben.

Der Landstromanschluss

Dieses Thema ist mit großer Vorsicht zu genießen. Um 230 Volt in den Campervan zu legen, bedarf es Erfahrung und das Wissen über sämtliche gesetzliche Vorschriften und Sicherheitsvorkehrungen. Wir werden euch in diesem Kapitel noch einen Überblick über das Verlegen von Kabeln und deren Sicherungen geben. Wir wollen euch aber bitten, beim geringsten Zweifel lieber professionelle Hilfe zu holen und eure Arbeit in jedem Fall überprüfen zu lassen, bevor die Anlage in Betrieb genommen wird.

GESETZLICHE VORSCHRIFTEN: DIN VDE 0100-721

Die DIN VDE 0100-721 umfasst, was den Anwendungsbereich betrifft, jetzt nur noch Caravans und Motorcaravans, also Wohnanhänger und Wohnmobile. Sie gilt nicht für Wohncontainer und fahrbare Mobilheime, die nicht für den Straßenverkehr geeignet sind. Unter anderem werden in der Vorschrift Themen behandelt wie:

- Leiterquerschnitte nach Bemessungsstrom gestuft
- Mindestquerschnitt der Leiter, nicht auf Kupfer bezogen
- Zulässige Leitungstypen
- Abgrenzung zu »transportablen Einheiten«
- Möglichst Kabel / Leitungen von Niederspannungsanlagen räumlich getrennt von solchen für Kleinspannungsanlagen verlegen
- Verlegearten

ZULEITUNG VON AUSSEN

Beginnen wir mit der Zuleitung vom Campingplatz zu eurem Van. Für die Stromversorgung ist eine Verlängerungsleitung aus schwerer Gummischlauchleitung (H07RNF) mit 2,5 mm^2 erforderlich. Kleinere Querschnitte sind nicht mehr zulässig! Als Verlängerung von der Campingplatz-Steckdose zum Van muss eine Leitung verwendet werden, die an beiden Enden blaue CEE-Kupplungen oder -Stecker angeschlossen hat. Verbindungen von Schutzkontaktsteckern auf CEE sind offiziell nicht zulässig, aber auf einigen Campingplätzen nötig. Wenn diese verwendet werden müssen, sollten die Verbindungen vor eindringendem Wasser geschützt werden. Das Kabel darf maximal 25 Meter lang sein und nicht weiter verlängert werden.

Weingartner Kabel GmbH
Hummelbergstraße 4+6
72184 Eutingen im Gau

EINSPEISUNG IN DEN VAN

Die Steckdose, die ihr am Van befestigt, nennt man CEE-Einspeisestecker (CEE-Stecker) und ist zur Aufputzmontage mit Klappdeckel erhältlich. Wichtige Daten sind:

- 16 A, 230 V, 3-polig
- Schutzgrad IP 44

Das Einbauen ist denkbar einfach, wer schon ein Dachfenster verbaut hat, sollte auch kein Problem haben, diese Steckdose in die Seitenwand zu setzen. Dafür wird ein recht großes Loch benötigt. Bedenkt bei der Positionssuche, dass die Steckdose auch innen Platz braucht und das Kabel frei verlegbar sein sollte. **Zum Abdichten empfehlen wir Dekaseal, das lässt sich leicht entfernen, solltet ihr den Stecker mal tauschen müssen.** Alternativen zur doch eher nicht so schönen CEE-Steckdose sind der sogenannte Powercon-Anschluss oder die MelfBox. Beide sind unter Last getestet, allerdings nicht in der Wohnmobil-Richtlinie erwähnt, weshalb ihr euch vor dem Verbau dieser Alternativen mit eurer Prüfstelle in Verbindung setzen solltet.

KABELQUERSCHNITT UND VERLEGEN IM CAMPERVAN

Nun geht es daran, den FI / LS-Schutzschalter (Sicherung) mit der Steckdose zu verbinden. Hierbei wird, wie in der Vorschrift angegeben, ein 3-adriges H07RN-F-Kabel mit 2,5 mm^2 Querschnitt verwendet. Jede Ader hat eine farbliche Codierung, die es zu beachten gilt:

- L → Außenleiter (braun oder schwarz)
- N → Neutralleiter (blau)
- PE → Schutzleiter (grün / gelb)

Sowohl an der Steckdose als auch am FI-Schalter findet ihr diese Bezeichnungen. Sie geben damit vor, wie ihr die Kabel stecken und verbinden könnt. Der Schutzleiter PE wird direkt mit der Karosserie verbunden. Die abisolierten Enden sind vor dem Anschließen mit Aderendhülsen zu crimpen. Somit sorgt ihr für einen sicheren Anschluss der Leitungen und verhindert ungewolltes Herausreißen.

Bild links: Die wohl berühmteste Steckdose im Campingbereich: der CEE-Einspeisestecker

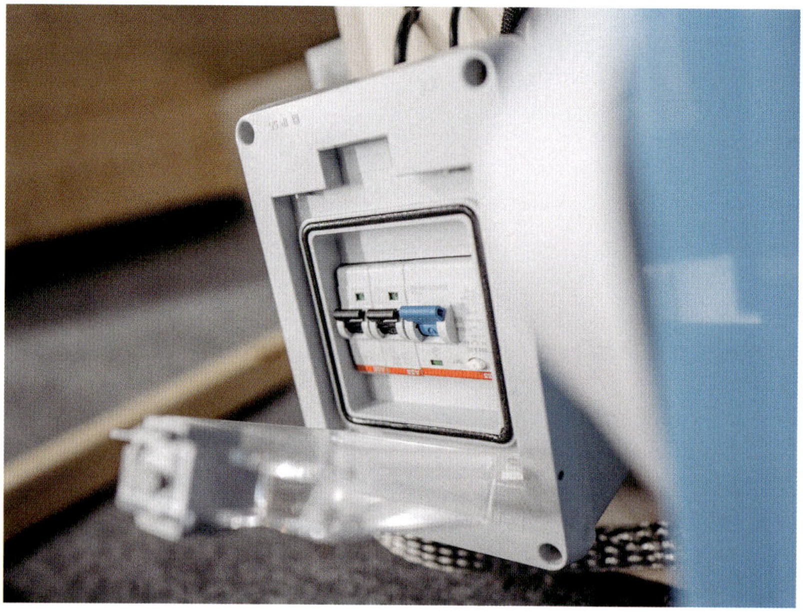

Sicher verpackt: Sicherungskasten für eure 230-Volt-Anlage

FI / LS-SCHUTZSCHALTER

Nicht jede externe Stromquelle, etwa an einem Campingplatz, ist so gut abgesichert, wie man es vielleicht von zu Hause kennt. FI / LS-Schalter für kombinierten Kurzschlussschutz und Berührungsschutz sind deshalb unerlässlich für eure Elektroinstallation und ermöglichen einen kombinierten Personen-, Brand- und Leitungsschutz in nur einem Gerät. Neben der Erfassung von Fehlerströmen bieten sie dank der integrierten Überstrom-Schutzeinrichtung auch zuverlässigen Schutz vor Kurzschluss und Überlast.

> **FI-Schutzschalter: 30 mA**
> **Leitungsschutzschalter: B16 (16 A). Weitere mögliche Varianten sind B6 (6 A), B10 (10 A) und B13 (13 A).**

Zusätzlich zum FI / LS benötigt ihr einen sogenannten Kleinverteiler mit integrierter PE-Schiene, in der dann alles montiert und verschraubt werden kann. So erhält euer FI / LS sein eigenes abgesichertes Gehäuse. Der Anschluss der FI / LS-Einheit inklusive Kleinverteiler sieht dann wie folgt aus: Das andere Ende des 3-adrigen Kabels von eurer CEE-Steckdose geht direkt mit L und N an den FI-Schutzschalter. Die grün / gelbe PE-Leitung, die ebenfalls vom CEE kommt, wird auf die PE-Schiene im Kleinverteiler gelegt. Jetzt könnt ihr nach dem FI / LS eure 230-Volt-Steckdose anbauen und im Van integrieren.

LADEGERÄT

Doch was mache ich jetzt mit dem Landstromanschluss? Auch das ist euch wieder selbst überlassen. Viele Wasserheizungen oder sonstige Geräte lassen sich darüber versorgen. Aber was wäre ein Landstromanschluss ohne die Möglichkeit, eure Zweitbatterie zu laden? Und das funktioniert denkbar einfach. Holt euch ein Kfz-Ladegerät oder geht direkt in den Campermarkt und schaut euch dort mal um. Denn vor allem im Camperbereich haben diese Ladegeräte häufiger mehrere Funktionen oder können mit Bluetooth über eine Smartphone App gesteuert werden.

Busbastler-Tipp: Je größer die Amperezahl des Ladegerätes, umso schneller wird eure Zweitbatterie geladen.

Habt ihr jetzt noch einen Ladebooster verbaut, erkennt dieser den Ladezustand eurer Zweitbatterie. Ist diese voll, schaltet er zur Starterbatterie um und lädt diese direkt mit. Also bedenkt immer, dass euch ein Landstromanschluss unter Umständen den nötigen Saft liefern kann, sollten eure Batterien mal leer sein.

WICHTIGE FACTS ZUM LANDSTROM

- Lasst eure Installation vom Profi prüfen.
- Lötverbindungen sind nicht zulässig.
- Achtet auf den richtigen Kabelquerschnitt.
- Arbeitet immer stromlos bei der Installation.
- Achtet auf scheuerfreies Verlegen der Leitungen.
- Verwendet nur DIN-zugelassene Bauteile.

Wichtige Werkzeuge für eure Elektroinstallation

Natürlich braucht ihr verschiedene Arten von Elektrowerkzeugen, die euch bei eurer Elektroinstallation behilflich sind. Diese sparen oft nicht nur Zeit, sondern sorgen bei richtiger Benutzung auch für die sichere Verarbeitung eurer Elektrik. Ihr müsst nicht alles kaufen, was hier aufgeführt ist, meist macht ihr Elektrik nur einmal. Ausleihen oder gebraucht kaufen geht natürlich auch, spart Geld und schont die Umwelt.

MULTIMETER

Das wichtigste Messwerkzeug! Den Ladezustand der Batterie ermitteln oder den Widerstand eines Kabels – ein Multimeter hilft euch vor allem bei der Fehlersuche. Oft reicht schon ein kleines Gerät, welches nicht nur günstig ist, sondern meist auch die gängigen Messeinheiten beinhaltet. Wie man damit umgeht, könnt ihr in vielen YouTube-Videos erlernen. Aber auch unterwegs, wenn der Van fertig ist, hilft es bei der Fehlersuche.

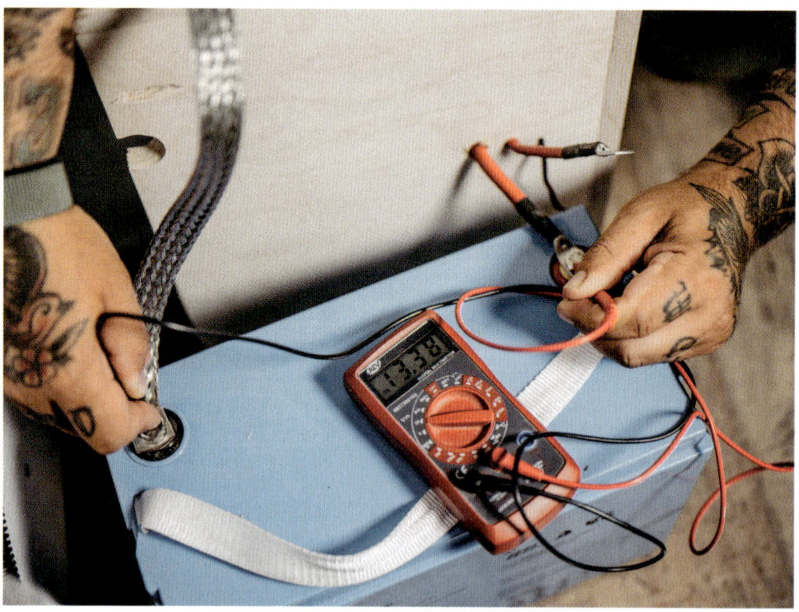

Für jeden Selbstausbauer ein absolutes Muss: das Multimeter

Die Crimpzange ist das Non-Plus-Ultra bei sämtlichen Arbeiten im 12-Volt-Bereich.

ABISOLIERZANGE / PISTOLE

Um ein Kabel ordentlich und in der richtigen Länge abzuisolieren, empfehlen wir dieses tolle Hilfsmittel. Es geht nicht nur ultraschnell, sondern isoliert eure Kabelenden ohne Fehlerquellen ab.

CRIMPZANGE

Vor allem im 12-Volt-Bereich der wichtigste Helfer. Hiermit werden Stecker, Kabelschuhe und Kabelverbinder sicher auf den Kabeln gecrimpt / verpresst. Spart nicht an diesem wichtigen Utensil, denn häufig verpressen die günstigen Zangen falsch und führen so zu unentdeckten Fehlerquellen an euren Kabelenden.

SEITENSCHNEIDER

Unentbehrlich in der Werkzeugkiste! Ihr werdet einige Kabel durchschneiden müssen. Auch hier gilt: nicht zu billig einkaufen. Je hochwertiger das Werkzeug, desto ordentlicher wird der Schnitt, und leichter geht es obendrein auch noch.

ADERENDHÜLSENZANGE

Viele Bauteile, in die ihr Kabel einsteckt oder verschraubt, benötigen Aderendhülsen, um einen sicheren Halt zu gewährleisten. Mit verschiedenen Aderendhülsen könnt ihr die Kabelenden je nach Größe und Bedarf verpressen.

ROHRKABELSCHUHZANGE

Alle Kabel ab 10 mm^2 haben große Verbinder und Kabelendhülsen. Die Ringöse für euren Batterieanschluss zum Beispiel schafft man nur mit einer solchen großen Zange. Wir empfehlen auch eher das Ausleihen als das Kaufen, ihr braucht diese nicht so häufig, aber sie ist sehr wichtig.

HEISSLUFTFÖN

Vor allem bei sogenannten Schrumpfschläuchen (siehe Materialliste im nächsten Abschnitt) wird äußere Wärmeeinwirkung benötigt. Dafür ist der Heißluftfön besser geeignet als jedes Feuerzeug. Aber auch für andere Einsatzzwecke beim Vanausbau ist er ein wichtiger Helfer.

Bild rechts: Ultimativer Tipp: das Allroundtalent Heißluftfön

Elektronikteile für euren Ausbau

Wir haben euch eine Liste mit den wichtigsten Elektronikbauteilen und Helferlein zusammengestellt, damit ihr euren Campervan verkabeln könnt. Hierbei handelt es sich um wichtige Dinge, welche die Qualität eurer Arbeit und damit auch eure Sicherheit erhöhen.

KABEL

Im Fahrzeugbau werden auf der 12-Volt-Seite sogenannte FLRY-B-Kabel verwendet. Diese eignen sich besonders gut, da sie unsymmetrisch aufgebaute Litzen, auch Würgelitzen genannt, besitzen und aufgrund der größeren Anzahl von Einzeldrähten eine höhere Flexibilität aufweisen. Ihr bekommt diese beim Kfz-Ersatzteilehändler eures Vertrauens. Meist sind sie in Schwarz und Rot auf einer Rolle oder als verbundenes Doppelkabel erhältlich. So habt ihr Plus und Minus immer zusammen.

Die richige Kabelwahl ist essentiell wichtig für eure Camper-Elektrik.

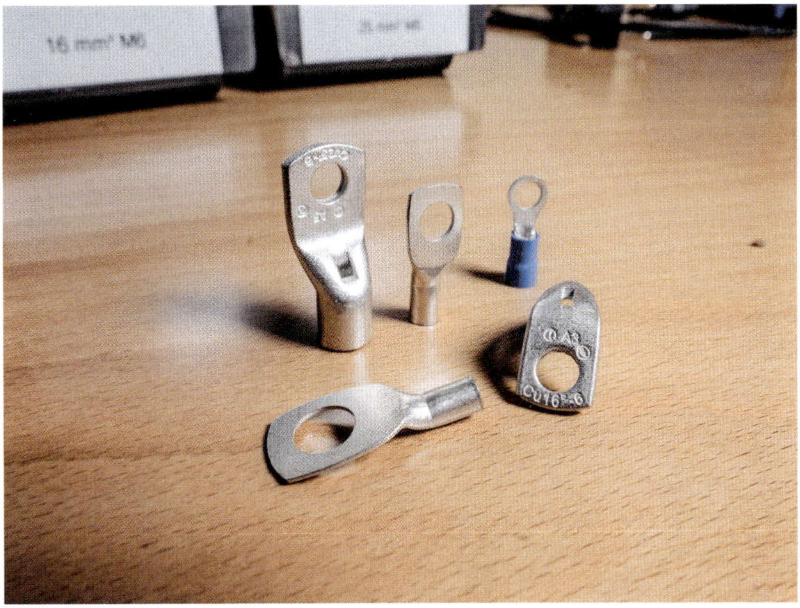

Eine kleine Kabelschuh-Familie

KABELROHR / LEERROHR

Was gibt es Cooleres, als einen Kabelschacht in den Van zu legen? Bekannt aus dem Hausbau, könnt ihr diese Methode auch für eure Elektroinstallation verwenden. Es wird zuerst das Kabelrohr gelegt und befestigt, dann zieht man mittels Zugdraht die Kabel hindurch. Dies bedarf zwar einer genauen Elektrikplanung, aber eine bessere Variante, Kabel zu verlegen, gibt es nicht. So sind die Kabel geschützt vor äußeren Einflüssen wie Quetschungen und Wasser und ihr habt auch nach abgeschlossenem Ausbau jederzeit die Möglichkeit, zusätzliche Leitungen zu verlegen.

KABELSCHUHE

Klingt lustig, ist aber das Wichtigste in eurer 12-Volt-Installation. Meist gibt es Kabelschuhe in einem bunten Set, das Folgendes beinhalten sollte: Rundsteckhülsen, Flachsteckhülsen, Ringösen und Stoßverbinder. Die Farben Gelb, Rot und Blau geben den zu verwendenden Kabelquerschnitt an: Rot = 0,5 bis 1,5 mm^2, Blau = 1,5 bis 2,5 mm^2, Gelb = 4 bis 6 mm^2.

Auf eurer Crimpzange, die wir im vorhergehenden Abschnitt beschrieben haben, findet ihr diese Farben wieder, somit ist für euch gewährleistet, dass ihr immer den richtigen Kabelschuh für den richtigen Einsatzzweck und das richtige Kabel sauber und sicher verpressen könnt.

ADERENDHÜLSEN

Sie geben eurem Kabel eine sichere Endhülse, die ihr für mehrere Zwecke verwenden könnt. Egal ob beim Ladebooster oder in einer sogenannten WAGO-Klemme – mit einer Aderendhülse ist ein sicherer Kontakt gegeben. Zum Verpressen verwendet man eine sogenannte Aderendhülsenzange.

VERBINDUNGSKLEMME

Habt ihr bestimmt schon unter dem Namen WAGO-Klemme gehört (Firmenname). Das ist eine Schnellverbinderklemme, die auf sichere Art und Weise mehrere Kabel miteinander verbindet. Diese besitzt eine mechanische Vorrichtung, die das Herausrutschen der Kabel verhindert. In Verbindung mit Aderendhülsen ist das eine sehr saubere Sache, um sicher viele Kabel miteinander zu verbinden.

SCHRUMPFSCHLAUCH

Wer auf Nummer sicher gehen möchte und nicht mit Isolierband arbeiten will, dem empfehlen wir den Schrumpfschlauch. Dieser schützt eure Kabelverbindung oder Kabelschuhe zusätzlich vor äußeren Einwirkungen wie Knicken oder Wasser. Bevor ihr ein Kabel verarbeitet, kommt über die Enden ein Schrumpfschlauch, den ihr nach dem Crimpen über den Kabelschuh zieht und mit dem Heißluftfön erwärmt. Nun zieht sich der Schrumpfschlauch zusammen und legt sich über den Kabelschuh und das Ende eures Kabels. Einen weiteren Vorteil hat die Sache auch noch: Es sieht unfassbar professionell aus!

ISOLIERBAND

Zum Isolieren ist es nur geeignet, wenn ihr ein gutes Band habt und es richtig verwendet. Schnell löst sich das Band durch Schmutz oder unsachgemäße Verarbeitung. Besonders geeignet ist es bei der Kabelverlegung, um mehrere Kabel zu fixieren.

SICHERUNGEN

Dass ihr alle Stromkreise absichern müsst, ist natürlich das A und O jeder guten Elektrik. Je nach Kabel- und Stromstärke kommen die verschiedensten Sicherungen zum Einsatz. Im 12-Volt-Bereich empfehlen wir ausschließlich Flachstecksicherungen. Sie haben sich auch im Fahrzeugbau bewährt und sind durch die einfache Handhabung ein absolutes Muss für euren Ausbau. Für große Plusleitungen wie bei Batterie, Trennrelais, Ladebooster, Wechselrichter usw. empfehlen wir sogenannte MIDI-Sicherungen inkl. Gehäuse. Diese sind verschraubt und besonders für hohe Amperezahlen ausgelegt. Vermeidet HiFi-Sicherungen, diese neigen oft zu Kontaktbrand und Verschmelzungen.

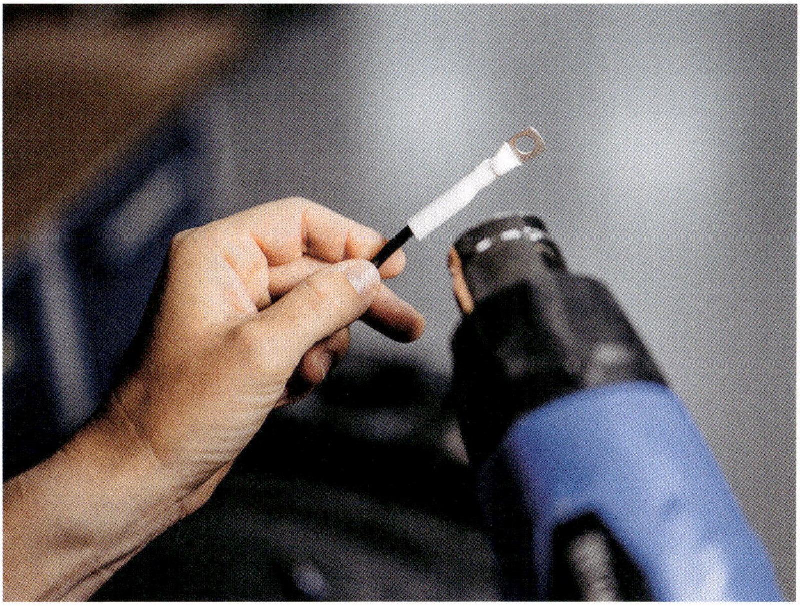

Mit dem Heißluftfön lassen sich Schrumpfschläuche schneller und sorgfältiger verarbeiten.

Anhand der Farben erkennt man die Sicherungsstärke, z. B. Blau = 15 A.

SICHERUNGSKASTEN

Für eure Flachstecksicherungen gibt es den passenden Sicherungskasten. Dieser wird einfach nur mit eurer Batterie über eine Plusleitung verbunden und versorgt somit mehrere Steckplätze und Anschlüsse mit Strom. Meist mit Schutzdeckel versehen, zum Beschriften der einzelnen Stromplätze, ist er die perfekte Lösung für das sonst entstehende Sicherungs-Chaos.

Wenn euch nach diesem Kapitel die Rübe raucht und ihr euch jetzt noch unsicherer seid als zuvor, dann ist das kein schlechtes Zeichen, sondern gut für eure Sicherheit. Holt euch gerne Hilfe auf **busbastler.de**. Hier findet ihr nicht nur unseren beliebten Elektro-Workshop, sondern auch den Kontakt zu unseren Einbaupartnern, die euch mit Rat und Tat zur Seite stehen.

Bild links: Handelsüblicher Sicherungskasten für euren Camperausbau

Der eigene Schaltplan

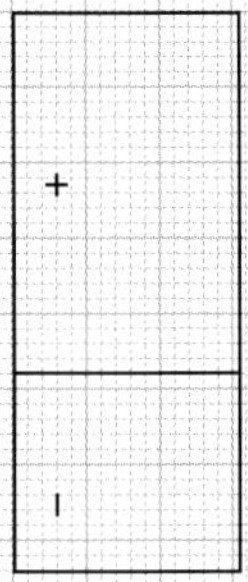

Starter-
batterie

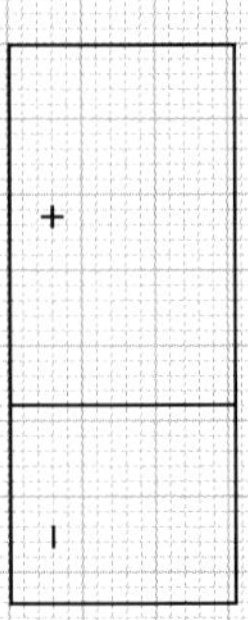

Aufbau-
batterie

Hier habt ihr Platz für euren eigenen Schaltplan. Nutzt dafür gerne die ganze Doppelseite!

–08–
Wasser & Bad

Jetzt wird's nass im Van

Wer längere Zeit in einem Camper unterwegs ist, wird sich die Frage stellen müssen: »Wie und wo wasche ich mich, und wo gehe ich denn aufs Klo?« Auch hier gibt es wieder unendlich viele Möglichkeiten, von denen wir euch einige aufzeigen wollen. Grundsätzlich gilt wieder: Es geht ganz einfach. Fangen wir also mit einem recht kleinen Set-up an und steigern uns dann zum absoluten Luxus mit fest verbautem Bad inklusive Warmwasserdusche im Van.

DIE EINFACHSTEN WASCHOPTIONEN

Die günstigste Lösung ist, einfach eine kleine Druck-Sprühpumpe zu nutzen. Mit einer integrierten Pumpe bringt ihr Druck in den mit Wasser gefüllten Behälter und könnt dann mit einer Brause ganz ohne technischen Aufwand und super flexibel überall dort Wasser haben, wo ihr es braucht. Mit einer kleinen Halterung mit Magnet oder Saugnapf am Fahrzeug befestigt, habt ihr so auch gleich eine Außendusche. Im Fahrzeug nutzt ihr einfach eine Schüssel als Waschbecken. Wer gerne warmes Wasser hat, macht sich vorher einen Liter Wasser heiß und mischt dieses mit in die Pumpe. Unserer Meinung nach

Plug-and-Play-Außendusche

Bild rechts: Im Sommer ist draußen Duschen ein Riesenspaß!

ist das eine sehr gute, einfache und günstige Lösung. Solarduschen, die man in der Sonne aufwärmen kann, können das Set-up sinnvoll ergänzen. Noch spartanischer geht es übrigens mit einer großen PET-Flasche, bei der man Löcher in den Deckel bohrt. Damit lässt sich zur Not auch duschen.

Die etwas technischere Variante wäre das Set-up mit einer Akku-Duschbrause. Hier hängt eine Pumpe in einem Kanister und pumpt bei Betätigung des Schalters das Wasser zur Brause. Auch diese Variante ist sehr einfach und vielseitig. Allerdings ist man darauf angewiesen, dass die Akkus voll sind.

Kleiner Tipp zum Thema Außendusche: **Nehmt euch eine große Schüssel oder einen Eurobehälter, in den ihr euch reinstellen könnt. So bleiben die Füße sauber, und ihr könnt einen großen Teil des Wassers in den nächsten Gully kippen, anstatt das gesamte Umfeld eures Vans unter Wasser zu setzen.** Apropos Duschen im Freien: Bitte verwendet hier im besten Fall keine oder – wenn ihr gar nicht darauf verzichten könnt – nur biologisch abbaubare Seifen in möglichst geringer Menge. Selbst Bioseifen haben in unmittelbarer Nähe von Gewässern wie Flüssen, Seen und Meeren nichts verloren.

DIE WASSERPUMPE

Die wohl am weitesten verbreitete Lösung in Bezug auf Wasser im Van ist die 12-V-Tauchpumpe mit Frisch- und Abwasserkanister von meist zehn Liter Fassungsvermögen, ergänzt durch einen einfachen Wasserhahn mit Schalter sowie ein kleines Waschbecken. Der Vorteil an dieser Lösung ist, dass sie verhältnismäßig günstig zu haben ist. Für rund 150 Euro bekommt man alles, was man braucht, allerdings darf man auch nicht allzu viel erwarten. Erfahrungsgemäß gehen die Plastikteile sowie die Pumpe recht schnell kaputt, jedoch sind die entsprechenden Ersatzteile auch sehr günstig zu erhalten. Ein weiterer Vorteil ist, dass man zum Befüllen des Frischwassers einfach den Kanister aus dem Fahrzeug nehmen kann. So kann man recht unkompliziert Wasser tanken.

Dieses System lässt sich skalieren und mit größeren Wassertanks betreiben. Tanks in beliebiger Größe lassen sich selbstverständlich auch fest im Fahrzeug installieren.

Ein weiterer Nachteil an den Tauchpumpen ist, dass sie meist nur wenig Wasser fördern. Zudem dauert es ein paar Sekunden, bis die Pumpe das Wasser bis zum Wasserhahn befördert hat. Um dem entgegenzuwirken und eine stabile Wasserversorgung wie zu Hause zu ermöglichen, werden auch in Vans immer häufiger Druckwasserpumpen verbaut, die bereits seit einiger Zeit im Jachtbereich etabliert sind. Das Funktionsprinzip ist wie folgt: Eine Pumpe sorgt dafür, dass permanent Druck auf dem System ist. Das heißt: Sobald der Wasserhahn aufgedreht wird, fließt das Wasser direkt aus der Leitung. Im Idealfall wird das System auch noch um einen Druckbehälter ergänzt, damit der Wasserdruck konstant bleibt und nicht abfällt, bis die Pumpe wieder anspringt und den Druck aufbaut. Das macht sie mittels Drucksensor, der sich in der Pumpe befindet.

Vorteile an dieser Variante: fließendes Wasser wie zu Hause, konstanter Druck und ein ordentlicher Wasserstrahl. Nachteil: Durch den permanenten Druck auf der Leitung muss das System hundertprozentig dicht sein. Wenn wegen eines Lecks der Druck im System abfällt, pumpt die Pumpe so lange nach, bis der Tank leer ist. Das kann zu erheblichen Wasserschäden führen. Solltet ihr euch für diese Variante entscheiden, raten wir, sehr hochwertige

Die günstige 3-Kammer-Membranpumpe von Carbest

Komponenten zu verbauen. Vor allem Schläuche und Schellen sollten regelmäßig kontrolliert werden, und ein Wasserwarner ist auch zu empfehlen. Außerdem ist es hier ratsam, die Pumpe bei der Fahrt und wenn niemand am Van ist, einfach auszuschalten. Das kennt ihr möglicherweise aus dem Wohnmobilbereich, wo es üblich ist, Schalter für die Wasserversorgung zu verwenden.

DUSCHE UND WARMWASSER

In Kombination mit einem Boiler ist sogar eine Warmwasser-Option realisierbar, sodass man auf keinerlei Komfort verzichten muss. Das Ganze gipfelt in der Option einer Duschkabine, die man sich in den Van einbauen kann. Hierbei gilt es besonders darauf zu achten, dass die Kabine und die Duschtasse sehr gut abgedichtet sind und das Fahrzeug regelmäßig belüftet wird, damit alles gut trocknen kann. Die Dusche ist letztlich die Krönung des Luxus. Sofern man das Fahrzeug »nur« als Urlaubscamper nutzt, ist sie weniger notwendig, kann aber essenziell für denjenigen sein, der dauerhaft in seinem Fahrzeug leben will.

Tipp zum Thema Duschen: An Autobahnraststätten gibt es Fernfahrer-Bäder, die ihr für wenig Geld mit viel Komfort nutzen könnt. Auch Fitnessstudios und Schwimmbäder eignen sich hervorragend, nicht nur zum Sporteln, sondern auch für die Körperhygiene, wenn man keine Dusche im Fahrzeug verbaut hat. Außerdem muss ja auch nicht immer geduscht werden – eine »Katzenwäsche« erfüllt durchaus auch ihren Zweck.

Wie viel Frischwasser ihr mitführen solltet, hängt davon ab, was ihr vorhabt. Zehn bis zwanzig Liter sind für ein kleines Set-up durchaus realistisch. Für eine Woche Autarkie mit Notdusche dürfen es schon 100 Liter sein. Grob könnt ihr mit fünfzehn Litern Wasserverbrauch pro Person und Tag rechnen. Wenn ihr am Ende weniger braucht, umso besser.

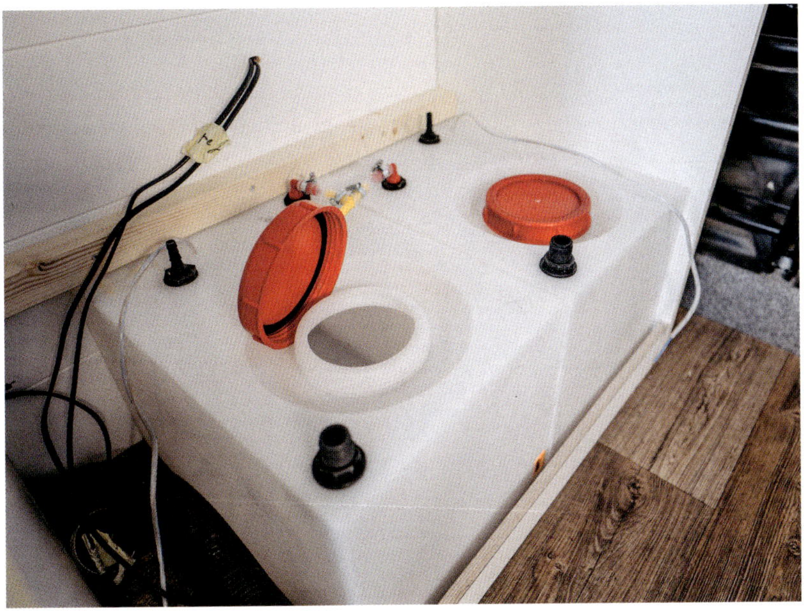

Frisch- und Abwassertank im Innenraum verbaut

FRISCH- UND ABWASSERTANKS

Wie ihr euer Wasser transportiert oder auffangt, ist euch überlassen. Der Campingmarkt ist groß, und euren eigenen Ideen sind keine Grenzen gesetzt. Das Wichtigste sind immer eine feste Position und gute Erreichbarkeit der Wassertanks. Zudem sollten sie für Trinkwasser zugelassen sein. Die meisten Tanks haben schon vorgesehene Reinigungsöffnungen und Stellen zur Befestigung von Tauchpumpen oder Schläuchen. Im Innenraum empfehlen wir fertige Tanks aus dem Camperbedarf, da diese meist sehr kompakt und stoßfest sind. Außerdem gibt es sie in Sondergrößen, sodass sie beispielsweise platzsparend über einen Radkasten passen. Bei Unterflurtanks solltet ihr eine Wasserheizung nicht vergessen, um zu verhindern, dass sie im Winter einfrieren. **Wer auf feste Abwassertanks setzt, darf das Ablassen des Wassers nicht vergessen und muss für den Ablasshahn eine geeignete Stelle im Unterboden finden.** Wir empfehlen, den Abwassertank immer kleiner als den Frischwassertank zu wählen. Diesen könnt ihr jederzeit schnell entleeren und spart so Platz und Gewicht. Auch bei den Tankgrößen habt ihr alle Möglichkeiten, so findet ihr sicherlich das geeignete Set-up für eure Wasserver- und -entsorgung.

Wasseranschlüsse in einem Frischwassertank

ROHRE UND SCHLÄUCHE

Um Tank, Pumpe und Auslass miteinander zu verbinden, werden selbstverständlich Schläuche benötigt. Diese müssen in jedem Fall lebensmittelecht sein, denn sonst geben sie Weichmacher an das Wasser ab. Diese Schläuche oder vielmehr die Anschlüsse sind übrigens auch eine nicht zu unterschätzende Schwachstelle in jedem Camper. Durch die Vibrationen während der Fahrt und die starken Temperaturschwankungen können sich Schellen lösen und so die gesamte Anlage undicht machen. Hier empfiehlt es sich, hochwertige Komponenten zu wählen, Schellen immer leicht zugänglich zu verbauen und diese alle paar Wochen zu kontrollieren.

WASSERFILTER

Bild rechts: Auch im Van ist der gewohnte Komfort von Zuhause möglich.

Frischwasser bleibt seinem Namen leider nicht sehr lange treu. Selbst bei einem gut gepflegten Tank bilden sich relativ schnell Ablagerungen. Um die Verunreinigung im Frischwassertank möglichst gering zu halten, gibt es die Möglichkeit, das Wasser schon beim Befüllen des Tanks zu filtern.

Diverse Durchlauffilter von verschiedenen Herstellern sind für unterschiedliche Herausforderungen optimiert. Wer sein Wasser in Marokko aus einem Tümpel zapft, braucht ein anderes System als der Großteil der Reisenden, der vielleicht mal an einer Tankstelle Wasser zapft, bei dem man sich nicht hundertprozentig sicher sein kann, ob es ungefiltert zum Trinken geeignet ist. Das Thema Wasserfilter ist eine Wissenschaft für sich, und es gibt hier sehr viel kompetente Literatur, die euch weiterhelfen kann. Wir wollen an dieser Stelle ein paar Möglichkeiten aufzeigen, damit ihr euch im Anschluss tiefergehend über eure favorisierte Variante informieren könnt.

Es gibt Siebe und Vorfilter, die grobe Verunreinigungen wie beispielsweise Sand, groben Kalk und Rost aus dem Wasser filtern. Aktivkohlefilter beseitigen schlechten Geschmack und Gerüche, reduzieren Schwermetalle, filtern Mikroplastik und reduzieren den Anteil von Pestiziden und Arzneimittelrückständen. Keramik- oder Nanofilter filtern kleinste Mikroorganismen und Trübungen aus dem Wasser.

Wichtig zu beachten: Je mehr gefiltert wird, desto geringer wird die Durchlaufmenge. Der Filter braucht Zeit, um seine Arbeit verrichten zu können. Wer also das Wasser umfangreich filtert, bevor es in den Tank kommt, muss sich auf lange Tankzeiten gefasst machen. Außerdem sind für die meisten Filter Druckwassersysteme erforderlich. **Eine relativ gängige Praxis ist es, das Wasser beim Befüllen des Tanks nur grob zu filtern, dafür dann aber ein fest verbautes Filtersystem vor der Entnahme des Trinkwassers zu nutzen.** Dies kann mit kleinen Partikelfiltern passieren, aber auch durch Osmoseanlagen und / oder UV-Licht. Erkundigt euch je nach eurem Bedarf bei den zahlreichen Wasserfilterherstellern.

Kleiner Tipp: Es muss nicht alles gefiltert werden. So könnte man beispielsweise mit einem Drei-Wege-Wasserhahn normales, ungefiltertes Brauchwasser sowohl warm als auch kalt entnehmen, für das Trinkwasser dann aber eine separate Entnahme realisieren, in die die Filteranlage integriert wird. Dadurch wird der Filter geschont, das Intervall zum Austausch des Filters verlängert sich und damit auch der finanzielle Aufwand.

Herausnehmbare Abwassertank-Lösung in einem VW T5

ABWASSER

Beim Thema Abwasser gibt es auch ein paar Dinge zu beachten. Grundsätzlich ist zwischen Grauwasser und Schwarzwasser zu unterscheiden. Grauwasser ist das normale Alltagsabwasser, das beim Spülen, Waschen und Duschen anfällt. Schwarzwasser bezeichnet die Abwässer, die Fäkalien beinhalten. Darum geht es etwas später. Erst einmal kümmern wir uns um das unproblematische Grauwasser.

Manche lassen ihr Abwasser direkt aus dem Fahrzeug in die Natur laufen. Dass das nicht die feine Art ist, sollte aber jedem klar sein. Auch mit Bio-Seife ist das keine schöne Variante, zumal man dann je nach Stellplatz auch in seinem eigenen Abwasser steht. Also sollte zumindest eine Option eingeplant werden, wie man das Abwasser sammeln und dann an einem geeigneten Ort entsorgen kann. Eine grobe Faustregel: Der Abwassertank sollte etwa halb so groß sein wie der Frischwassertank, denn eine große Menge des Frischwassers wird für Kaffee, Tee, zum Kochen und zum Trinken genutzt.

Das Wichtigste beim Thema Abwasser ist vermutlich ein ordentlicher Siphon. Selbst gut gesäuberte Tanks entwickeln nach kurzer Zeit fiese Gerüche, die keiner in seinem Camper haben mag. **Der Tank sollte zudem einfach zu entleeren sein. Entweder man kann ihn leicht ausbauen oder – und das ist die bequemere Variante – man kann den Tank über ein Ablassventil entleeren.** Ver- und Entsorgungsstationen haben oftmals einen in den Boden eingelassenen Abfluss, über dem man das Fahrzeug abstellt, um den Tank sauber zu entleeren.

Der Einbauort des Abwassertanks ist im Idealfall in der Nähe der Stelle, an der das Abwasser anfällt, also im klassischen Fall in der Nähe der Spüle und / oder der Dusche. Hier fließt das Abwasser durch die Schwerkraft in den Tank. Sollte das nicht möglich sein, kann ein sogenanntes Hebewerk verbaut werden. Hier wird das Abwasser mit einer Pumpe in einen entfernten Tank gepumpt. Vorteil: Die Position des Tanks kann frei bestimmt werden, und der Tank kann beispielsweise über dem Niveau der Duschtasse liegen. Der Nachteil dabei ist, dass man zusätzliche Technik verbaut, die selbstverständlich störanfällig sein kann.

Kommen wir nun zum unangenehmen Teil des Abwassers: dem sogenannten Schwarzwasser. Auch hier gibt es die Möglichkeit, einen festen Tank zu verbauen, wovon wir grundsätzlich abraten. Entleerung und Reinigung sind sehr umständlich und unappetitlich. Also schauen wir doch mal, was es für Alternativen gibt.

Der Notdurft gerecht werden

Das stille Örtchen ist oft das Thema Nummer eins, wenn man abends am Lagerfeuer sitzt und sich austauscht. Verschiedene Möglichkeiten mit diversen Vor- und Nachteilen bieten allerhand Optionen für jede Vorliebe.

CHEMIETOILETTE

Der Klassiker ist die Chemietoilette. Das sind Toiletten in unterschiedlichen Größen, welche die Hinterlassenschaften in einem Tank sammeln. Dort trifft »Flüssig« auf »Fest«, welches mittels Chemiezusatz zersetzt wird. Die Nachteile sind starke Gerüche, und die Zusätze sind für Kläranlagen meist ein Problem, da diese auch die »guten« Bakterien zerstören. Aber auch hier gibt es immer mehr Anbieter für ökologische Alternativen. Entleert wird die Kassette dann bei einer Entsorgungsstation. **Einige Campingplätze bieten auch Reinigungsstationen an, welche die Kassetten komplett säubern und mit biologisch abbaubaren Mitteln befüllen, ohne dass ihr mit dem Reinigungsvorgang in Kontakt kommt.**

Eine kleine Version dieser Art der Toilette ist das »Porta Potti« bzw. ähnliche Produkte anderer Hersteller. Diese kompakte Toilette eignet sich vor allem als platzsparende Alternative, muss aber auch häufiger geleert werden.

Kleiner Tipp: Wer sich beim Toilettengang im eigenen Fahrzeug auf das kleine Geschäft beschränken kann, braucht keine Chemie. Bei Bedarf kann man mit ein paar Tropfen Pfefferminzöl den Geruch ausreichend überdecken. Etwas Zitronensäure-Pulver wirkt ebenfalls sehr gut und hilft auch gegen Urinstein.

NOTFALLTOILETTEN

Eine sehr einfache Alternative, und eher als Notfalltoilette gedacht, ist die sogenannte Klapp- oder Eimertoilette. Hier werden meist Plastiktüten eingehängt und das Geschäft dort hinein verrichtet. Je nach Ausführung empfiehlt es sich, sich bei dieser Variante auf das große Geschäft zu beschränken, da manche Plastiktüten nicht zu 100 Prozent dicht sind.

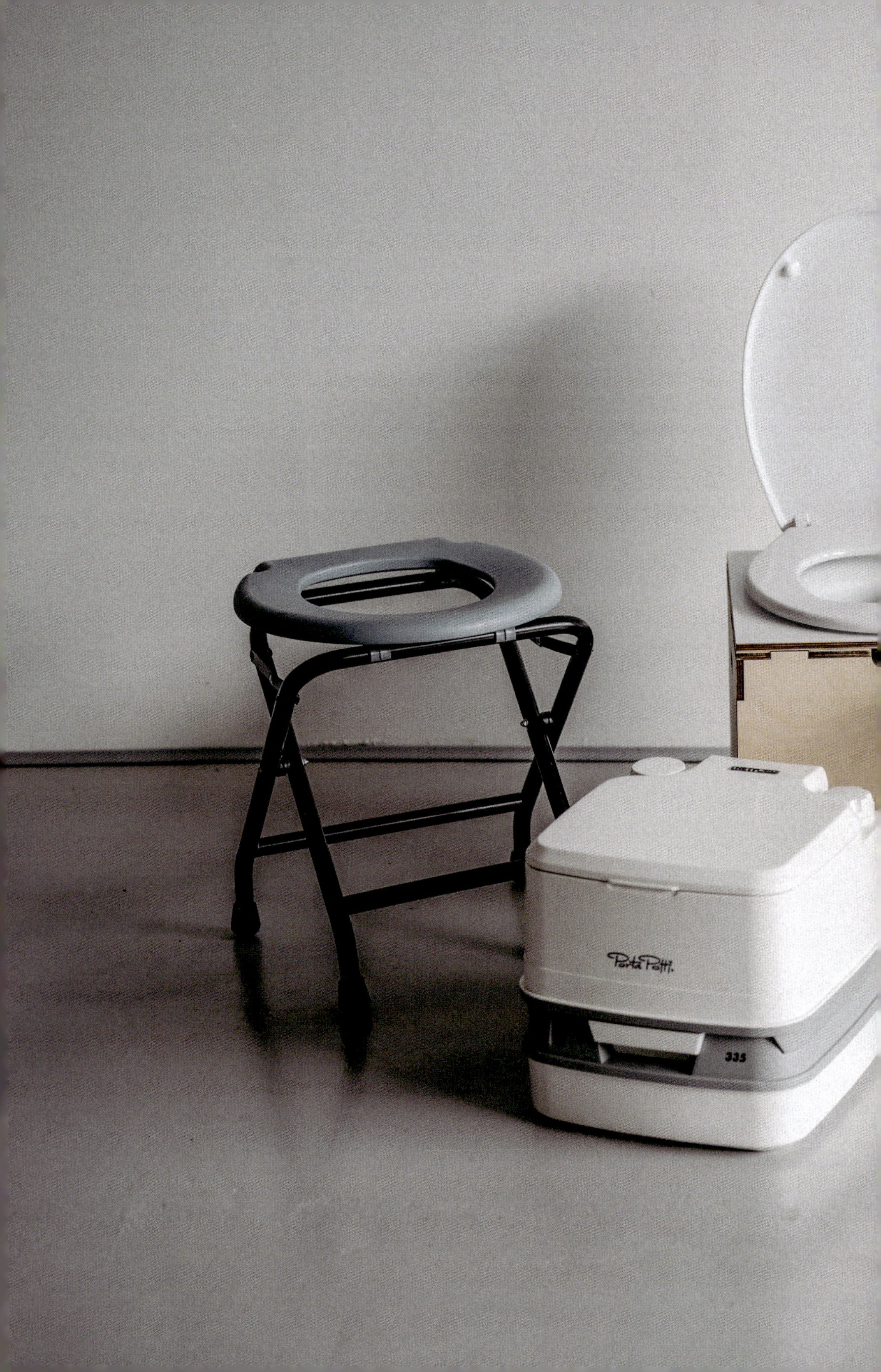
Porta Potti
335

Von link nach rechts: Toilettensitz für Beutel, Chemietoilette »Porta Potti«, Trockentrenntoilette und Komposttoilette

Eine sehr einfache Option für das kleine Geschäft wäre zum Beispiel eine Urinflasche aus dem Pflegebedarf. Hier haben es Männer anatomisch gesehen etwas leichter, aber auch für Frauen gibt es mittlerweile einige Anbieter für sogenannte Urinierhilfen, die es ermöglichen, das kleine Geschäft mit einer Flasche und im Stehen zu verrichten.

VERBRENNUNGSTOILETTE

Kommen wir nun wieder zurück zu den fest eingebauten Toiletten. Eine spannende Lösung für alle mit Gas an Bord ist die Verbrennungstoilette. Hier werden die Ausscheidungen tatsächlich verbrannt, und es bleibt am Ende nichts weiter übrig als ein Häufchen Asche. Die Toilette ist aber relativ groß und zählt eher zu den Premium-Lösungen.

TRENNTOILETTE

Eine wirklich einfache und zunehmend populäre Lösung ist die Trenntoilette. Wie der Name schon sagt, wird hier getrennt, und zwar »Fest« von »Flüssig«. Das Ganze funktioniert über einen Trenneinsatz, der so konzipiert ist, dass der Urin nach vorn über einen Trichter in einen Tank oder Kanister fließt, der Kot fällt hinten direkt in einen Eimer.

Bis hierher ist die Funktionsweise der Trenntoiletten gleich. Aber es gibt unterschiedliche Nutzungsmöglichkeiten und Funktionen, wie im Anschluss mit den Fäkalien umgegangen werden kann.

Variante 1 – direkte Entsorgung: Wer seine Toilette nur im Notfall für das große Geschäft nutzt, wird vermutlich zu dieser Variante tendieren. Hier hängt man am besten einen Müllbeutel in den Eimer, verrichtet sein Geschäft und entsorgt den Beutel bei nächster Gelegenheit im Hausmüll.

Variante 2 – Einstreu: So nutzt man eine Trockentrenntoilette normalerweise. Im Eimer ist vor der Benutzung bereits eine Lage Einstreu. Das können Kokosfasern, Holzspäne, Katzenstreu oder Ähnliches sein. Hauptsache ist, dass das Material sehr gut Flüssigkeiten aufnehmen und binden kann. Nach dem Stuhlgang wird alles abgestreut und bedeckt. Idealerweise würde man in diesem Szenario übrigens das Toilettenpapier separat entsorgen, damit

Bild rechts: »Nature's Head« Trockentrenntoilette im Van

das Einstreu seine Arbeit noch effektiver machen kann. Es funktioniert aber auch auf die herkömmliche Art, bei der man das Toilettenpapier einfach mit in den Eimer wirft. Sobald die Flüssigkeit gebunden ist, gibt es auch keine Geruchsentwicklung mehr, und man kann die Toilette ruhigen Gewissens mehrfach benutzen. Je nach benutztem Material wird der Inhalt des Eimers über den Hausmüll entsorgt oder kann sogar kompostiert werden. Das ist aber eigentlich nur eine Option, wenn man auch Zugang zu einem Komposthaufen bzw. einem Schnellkomposter hat. Im Biomüll hat das Ganze jedenfalls nichts verloren.

Variante 3 – die Komposttoilette: Bei der Komposttoilette ist der Aufbau ein wenig anders. Hier befindet sich im Feststoffbehälter ein Mischwerk. Der Behälter ist mit kompostierbarem Material, etwa Kokosfasern, gefüllt. Nach dem Stuhlgang werden die Fäkalien mit einer Kurbel einfach untergemischt, was einem normalen »Spülen« im Ablauf recht nahekommt. Durch die konstante Durchmischung wird der Kompostiervorgang direkt gestartet, und anstelle von ekliger Chemie-Gülle hat man am Ende wertvollen Kompost. Das Toilettenpapier sollte man nicht in den Feststoffbehälter werfen, da sich das Papier unter Umständen in der Kurbel verhakt und diese blockiert.

Den Urinbehälter kann man übrigens einfach über die Toilette entleeren oder stark mit Wasser verdünnt sogar als Dünger im Garten verwenden. **Wichtig: Der Urin darf nicht einfach in einen Gully gekippt werden. Diese sammeln oft nur das Oberflächenwasser und sind nicht für die Entsorgung von Abwässern gedacht.**

Trenntoiletten gibt es nicht nur fix und fertig zu kaufen, sondern auch als Bausatz, sodass ihr euch eure Toilette speziell nach euren Anforderungen selbst bauen könnt. Aber auch ohne Bausätze kommt man zum Ziel. Ein Trichter oder eine abgeschnittene Gießkanne sowie ein Eimer tun auch ihren Dienst. Dazu gibt es online diverse Anleitungen.

SO BITTE NICHT!

Zum Abschluss dieses Kapitels auch noch ein paar Impulse für alle, die mit dem Gedanken spielen, ihr Geschäft einfach in der Natur zu verrichten: Grundsätzlich spricht nichts dagegen, allerdings nur unter gewissen Voraussetzungen. Das Geschäft inklusive Toilettenpapier einfach hinter einem Baum liegen zu lassen ist ein absolutes »No-Go«. **Nicht nur, dass es für die Natur und Tierwelt nachteilig ist, es gipfelt darin, dass zahllose Toilettenpapierfetzen durch die Natur fliegen, bis sie nach mehreren Monaten verrotten.** Das passiert an Orten, die stark frequentiert sind, dann dementsprechend häufiger. Und weil das den Anwohnern verständlicherweise negativ auffällt, werden Camping-Verbotsschilder aufgestellt.

Wir appellieren hier sehr an euren gesunden Menschenverstand! Wenn es gar nicht anders geht, dann grabt ein wirklich tiefes Loch. Fachleute sagen, dass 30 bis 70 Zentimeter ideal wären, damit die Exkremente nicht von Wildtieren wieder ausgegraben werden. Selbst dann gehört das Toilettenpapier nicht in die Natur. Packt es zum Beispiel in einen Hundekotbeutel und nehmt es wieder mit bis zum nächsten Restmülleimer. Je mehr wir alle darauf achten, dass die Natur durch unsere Anwesenheit nicht negativ beeinflusst wird, desto mehr haben alle davon und desto länger können wir das Reisen genießen. Nun aber Schluss mit dem erhobenen Zeigefinger, jetzt geht es mit dem nächsten Kapitel weiter.

-09- Küche

Ohne Kochstelle geht gar nichts!

Die Küche bekommt ihr eigenes Kapitel, da ihr hier ein paar Entscheidungen treffen müsst, die sich maßgeblich auf den Rest des Ausbaus auswirken. So gilt es beispielsweise den Energieträger für das Kochen zu wählen, zu entscheiden, ob ein Kühlschrank verbaut werden soll, und festzulegen, wo die Küche generell platziert wird. Fangen wir an mit den gängigen Optionen, die es gibt, um unterwegs zu kochen.

GASKARTUSCHENKOCHER

Die einfachste Art, um unterwegs etwas zum Kochen zu bringen, ist der Gaskartuschenkocher. Diesen gibt es in verschiedenen Bauformen. Trekking-Varianten lassen sich meist direkt in die Gaskartusche einschrauben, sind sehr klein und leicht, allerdings oft auch etwas kippelig. **Im Van sind die einflammigen Kartuschenkocher weit verbreitet, bei denen die Gaskartuschen liegend direkt in den Kocher eingelegt werden können.** Diese sind günstig, unkompliziert und eine schnelle Lösung. Diese Variante gibt es mittlerweile auch als Zwillingsgerät. Das ist allerdings schon wieder deutlich sperriger und braucht auch für jede der beiden Kochstellen eine eigene Gaskartusche.

Die etwas eleganteren Lösungen für eine zwei- oder gar dreiflammige Kochstelle sind ein mobiler Kocher mit einem Anschluss an eine Gaskartusche oder kleine Gasflasche. Einige dieser Modelle haben außerdem besondere Aufsätze und Erweiterungen, um beispielsweise auf dem Kocher auch grillen zu können.

Viele dieser Gaskartuschenkocher haben allerdings keine Zulassung, um diese im Innenraum zu betreiben. Ausschlaggebend ist hier die thermische Sicherung. Das bedeutet: Wenn die Flamme ausgehen sollte, dann muss der Kocher automatisch den Gasaustritt stoppen. Vor allem die günstigen Modelle haben diese Funktion jedoch nicht.

Generell ist es so, dass beim Kochen auf offener Flamme in jedem Fall für eine gute Belüftung gesorgt werden muss. Zum einen, weil Kohlenmonoxid entsteht und zum anderen, weil die Flamme den Sauerstoff in der Luft verbraucht. Deshalb unser Rat: beim Kochen mit offener Flamme immer zumindest die Fenster öffnen.

Bild rechts: Der Gaskartuschenkocher gehört bei vielen zur Basisausstattung.

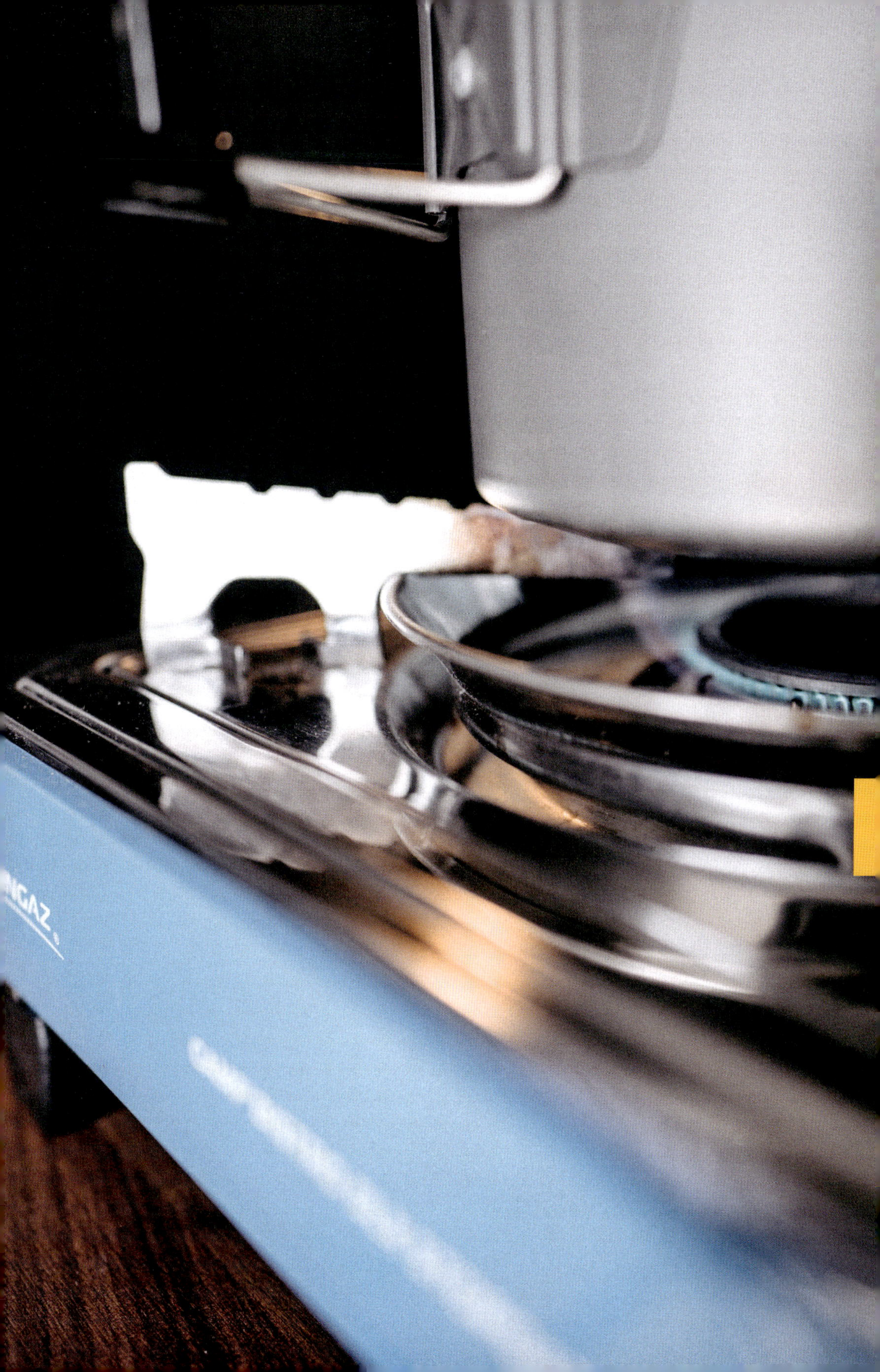

Europaweit im Baumarkt oder Campinggeschäft erhältlich: die standardisierte, kleine Gaskartusche

Vorteil der Gaskartuschenkocher ist die unkomplizierte Handhabung. Das ist aber auch gleichzeitig ein Nachteil. Denn bei einem Bedienungsfehler kann es leicht zu Unfällen mit teils verheerenden Auswirkungen kommen. Des Weiteren produzieren Gaskartuschenkocher, wenn man sie nicht mit wiederbefüllbaren Gasflaschen betreibt, eine Menge Müll. Ein weiteres Problem ist der Transport gefüllter Kartuschen. Diese müssen sicher verstaut werden und dürfen keinen Temperaturen über 50 °C ausgesetzt werden. Wenn im Sommer allerdings die Sonne auf das Fahrzeug scheint, können solche Temperaturen schnell erreicht werden. Deshalb solltet ihr das sehr gut im Auge behalten.

Busbastler-Tipp: Möglichst weit unten, am Boden des Fahrzeugs herrschen im Sommer meist die geringsten Temperaturen. Hier lassen sich Gaskartuschen am sinnvollsten lagern. Um auf Nummer sicher zu gehen, könntet ihr an einem heißen Tag nachmessen, wie hoch die Temperaturen in verschiedenen Bereichen des Fahrzeugs sind.

ALTERNATIVE BRENNSTOFFE

Alternativen zum Gaskartuschenkocher mit ähnlichem Funktionsprinzip sind Benzinkocher, Esbitkocher und Spirituskocher. Der Vorteil dieser Kocher ist, dass man den Energieträger leicht und sicher transportieren kann, allerdings erhitzen sie nicht so schnell und bringen häufig einen intensiveren Geruch mit sich. Etwas exotischer, nicht weniger funktional, aber auch nicht für den Gebrauch im Fahrzeug geeignet ist der sogenannte Raketenofen. Dieser wird mit Holz befeuert und funktioniert wie ein Kaminofen. Im Prinzip ist das die Weiterentwicklung des Kochens auf dem Lagerfeuer, was ja auch eine schöne Option sein kann.

Ein Kocher muss fest im Fahrzeug verbaut werden, um eine Wohnmobilzulassung zu bekommen (siehe auch Kapitel »Wohnmobilzulassung«).

KASSETTENKOCHER

Eine Zwischenlösung zwischen einem Kartuschenkocher und einer fest installierten Gasanlage bieten Campingkocher, die man an eine Gasflasche anschließen kann. Diese Kocher sind meist Kassettenkocher, eignen sich sehr gut für kleine Camper und sind auch mit Innenraum-Zulassung zu bekommen. Wichtig dabei zu beachten ist, dass solche Lösungen mit Vorsicht zu genießen sind und ein hohes Maß an Selbstdisziplin voraussetzen. **Der Kocher darf nämlich nur während des Kochens mit der Gasflasche verbunden sein. Ist er nicht in Gebrauch, muss die Gasflasche komplett gesichert sein, also fest verzurrt und verschraubt.** Ein einfaches Zudrehen des Ventils reicht hier nicht aus. Das bedeutet also, dass man immer daran denken muss, die Gasschläuche an- und wieder abzuschrauben. Aus Bequemlichkeit darauf zu verzichten oder es zu vergessen, ist nicht nur unzulässig, sondern auch sehr gefährlich. Vorteil an diesem Set-up ist aber, dass man es sehr leicht auch an einem anderen Ort zum Einsatz bringen kann. So kann man beispielsweise auch mal gemütlich draußen kochen.

GASHERD

Die wohl häufigste Variante für eine Kochstelle ist das fest installierte Gaskochfeld. Dies macht das Kochen jederzeit und ohne große Vorbereitungszeit möglich. Kochfelder gibt es in allen möglichen Qualitäts- und Preisklassen. Der Kocher ist fest in der Küche verbaut, die Gasflasche in ihrem Gaskasten fest installiert und permanent mit dem Kochfeld verbunden. Dabei ist zu beachten, dass die gesamte Gasanlage im Campingbereich auf 30 Millibar laufen muss. Deshalb solltet ihr das auch bei der Planung im Hinterkopf haben. Denn ein Gaskochfeld, das auf 50 Millibar ausgelegt ist, wird in einer 30-Millibar-Umgebung nicht wirklich gute Resultate liefern können.

Voraussetzung für einen fest installierten Gaskocher ist ein sogenannter Gaskasten. Dieser ist eine geschlossene Kiste im Camper, die gegenüber dem Innenraum luftdicht abgeschlossen ist und im Fahrzeugboden eine Entlüftungsöffnung von mindestens 100 cm^2 aufweisen muss. Damit soll verhindert werden, dass ausweichendes Gas in den Innenraum gelangt. Der Gaskasten sollte im Idealfall von außen zugänglich sein. Eine ebenfalls häufige Variante ist ein Kasten, der nur zu öffnen ist, wenn zuvor eine Fahrzeugtür geöffnet wird. So könntet ihr euren Gaskasten an den Hecktüren oder im Bereich der Schiebetür installieren. Alternativ zur Verwendung von Gasflaschen kann auch ein Gastank installiert werden. Dieser wird meist am Unterboden des Fahrzeugs verbaut. Mehr dazu könnt ihr im Kapitel über die Wohnmobilzulassung lesen.

Vom Gaskasten bzw. Gastank aus wird eine starre Gasleitung zur Kochstelle verlegt, die entsprechend auf Dichtigkeit geprüft werden und gewisse Normen einhalten muss. Hier sollten unbedingt Profis ans Werk! **Falls ihr also mit dem Gedanken spielt, eine Gasanlage einzubauen, empfehlen wir euch, dabei mit Fachleuten zusammenzuarbeiten, die euch mit weiteren Infos unterstützen können.**

Gas ist eine sehr effektive Art zu kochen. Die Töpfe und Pfannen werden sehr schnell heiß, und die Gasflaschen halten recht lange, wenn sie nur zum Kochen verwendet werden. Zu beachten ist allerdings, dass Anschlüsse und Bestimmungen bezüglich Gas von Land zu Land unterschiedlich sein können. Deshalb ist es vor allem bei Langzeitreisen sehr wichtig, dass man sich informiert, welche Adapter man gegebenenfalls einpacken muss.

Das Dieselkochfeld fungiert gleichzeitig als Heizung, was Vor- und Nachteile hat.

DIESELKOCHFELD

Aktuell bei den Campern noch nicht so weit verbreitet, aber im Jachtbereich schon lange etabliert, ist das Dieselkochfeld. Hierbei handelt es sich um ein Glaskeramik-Kochfeld, das ähnlich wie bei einer Standheizung über einen Dieselbrenner befeuert wird. Die Zu- und Abluft des Brenners wird dabei nach außen gelegt, sodass im Innenraum alles sauber und sicher bleibt. Der größte Vorteil an einem Dieselkochfeld ist, dass man keinen zusätzlichen Brennstoff mit sich herumfahren muss. Das Kochfeld wird direkt über den Fahrzeugtank gespeist. Das setzt aber natürlich voraus, dass man mit einem Dieselfahrzeug unterwegs ist. Andernfalls wäre ein gesonderter Dieseltank nötig. Zweiter Vorteil: Der Verbrauch des Systems ist relativ überschaubar. Unter Volllast verbraucht das Kochfeld bis maximal 0,2 Liter pro Stunde. Zudem gibt es Geräte, die gleichzeitig als Heizung funktionieren, was im Sommer aber auch nachteilhaft sein kann. Preis und Aufwand für den Einbau sind relativ hoch, und es dauert etwas länger, bis die Kochplatten auf Temperatur sind.

INDUCTION

INDUKTION

Die letzte Kochoption, auf die wir in diesem Buch eingehen wollen, ist das Kochen mit Strom. Die Entwicklungen der letzten Jahre mit immer besseren Photovoltaikanlagen, Ladeboostern sowie immer leistungsstärkeren Akkus machen es möglich. Der zu betreibende Aufwand für eine sinnvolle Realisierung kann je nach Set-up relativ groß und vor allem teuer werden.

Um mit Strom zu kochen, gilt es, in erster Linie ein Kochfeld zu finden, das einen moderaten Verbrauch an den Tag legt. Im nächsten Schritt braucht es dann einen ausreichend starken Wechselrichter, der diese Last auch bedienen kann. Außerdem sollten die Akkus potent genug sein, um genügend Energie zu liefern. Entsprechend dimensionierte Kabel sind vorausgesetzt, und natürlich muss man sich Gedanken darüber machen, wie die Akkus geladen werden können. Photovoltaik und das Laden über die Lichtmaschine werden hier sicher die größte Rolle spielen.

Diesen ganzen Aufwand kann man sich sparen, wenn man sich ausschließlich auf Campingplätzen bzw. Plätzen mit Stromanschluss aufhält. Dann braucht es nur ein ausreichend langes Kabel. Im Gegensatz dazu wird der Aufwand umso größer, wenn das Campen und Kochen auch im Winter und autark ermöglicht werden soll.

Da die Variablen in dieser Gleichung eine massive Auswirkung auf das Set-up haben, können wir hier keine konkrete Empfehlung aussprechen. Deshalb solltet ihr im Einzelfall überlegen und genau ausrechnen, welche Option ihr wählt.

Das Kochen auf einem Induktionskochfeld ist natürlich sehr komfortabel. Die Töpfe und Pfannen werden schnell heiß, und das Kochfeld lässt sich sehr einfach reinigen.

Busbastler-Tipp: Wer ein großes Strom-Set-up mit sich herumfährt, nutzt zum Wasserkochen, etwa für Kaffee oder Tee, am besten einen Wasserkocher. Das geht schneller und verbraucht weniger Energie als ein Topf auf dem Herd.

Bild links: Schon schön, oder? Ein Induktionskochfeld im Van verbaut!

BACKOFEN

Nichts ist unmöglich. Wer einen Backofen in seinem Fahrzeug haben möchte, kann das mit einer Gasanlage an Bord relativ einfach realisieren. Die Backöfen für Camper sind etwas kleiner als die zu Hause, liefern aber ein ordentliches Ergebnis, wenn man sich an die etwas anderen Eigenschaften gewöhnt hat. Nachteil an einem Backofen ist in erster Linie der Platzbedarf. Gerade im Kastenwagen muss man einen Ofen wirklich wollen, um den begrenzten Platz dafür freizugeben. Aber das ist ja das Tolle am Selbstausbau: Jeder kann sein Fahrzeug nach den eigenen Wünschen und Vorstellungen gestalten.

Alternativ zum Gasofen gibt es aber auch Möglichkeiten, wie man platzsparender von Zeit zu Zeit etwas backen kann. Gemäß unserer Erfahrung sind Elektroöfen eher ungünstig, denn sie sind meist sehr klein und brauchen viel Strom. Hier gelten im Prinzip ähnliche Voraussetzungen wie beim Induktionskochfeld. Wer die Kapazität hat, für den ist so ein Elektroofen sicher eine Option.

An dieser Stelle wollen wir kurz aus dem Thema Ausbau ausbrechen und auf zwei Produkte aufmerksam machen, welche eigentlich zur Einrichtung gehören, deren Funktionen aber auch einen Einfluss darauf haben können, dass man sich für oder gegen einen Backofen entscheidet:

Das erste ist der »Omnia®-Ofen«. Dabei handelt es sich um eine ringförmige Backform mit einem Deckel, welche direkt auf die Kochplatte gestellt werden kann. Sie eignet sich für alle Kochfelder außer Induktion und bietet die Möglichkeit, einfache Dinge backen zu können.

Das zweite ist der »Dutch Oven«, ein gusseiserner Kessel, der für den Einsatz im Lagerfeuer konzipiert wurde. Diese Methode ist etwas aufwendiger, aber neben dem Backen ist der Dutch Oven auch zum Schmoren, Braten und Frittieren geeignet.

Kühl, kühler, Kühlschrank

Neben dem Erhitzen spielt auch das Kühlen eine wichtige Rolle. Das kalte Bierchen am Abend und das Mitführen von leicht verderblichen Lebensmitteln gehören für viele einfach dazu. Bevor wir hier auf die gängigen Möglichkeiten eingehen, möchten wir aber darauf hinweisen, dass es eine Kühlbox oder einen Kühlschrank nicht zwangsläufig bei jedem Set-up braucht. Unterwegs frische Sachen zu besorgen, zum Beispiel Gemüse, das auch ein paar Tage hält, ist zumindest für den Anfang oder auf kurzen Reisen ebenfalls eine Option.

KÜHLBOX

Kühlboxen gehören zu den Geräten, die eine nicht unerhebliche Stange Geld kosten. Der Grund für den kleinen Appell im Abschnitt oben ist, dass wir euch vom Kauf ungeeigneter Kühlboxen bewahren wollen. Oftmals sehen wir, dass als Erstes eine sogenannte Elektrokühlbox mit 12-Volt-Anschluss gekauft wird. Die sind im Sommer oft sehr günstig beim Discounter erhältlich und bestehen eigentlich aus einer isolierten Plastikbox mit Deckel, in dem ein Lüfter und etwas Technik steckt. Diese Teile sind für einen Picknick-Ausflug sicherlich geeignet, aber nicht, um Lebensmittel dauerhaft auf Reisen frisch zu halten.

Der sogenannte Toploader unter den Kühlschränken

Gleiches gilt für Absorberkühlboxen. Diese Kühlboxen schaffen etwa 20 °C unter Außentemperatur, mehr ist nicht drin. Das bedeutet, dass es sehr davon abhängt, wie warm die Umgebung ist, in der die Kühlboxen betrieben werden. Knallt euch im Sommer nun aber die Sonne auf das Fahrzeug, habt ihr im Fahrzeuginnenraum sehr schnell 40 bis 50 °C. In der Kühlbox herrschen demnach 20 bis 30 °C, was selbstverständlich keinen großen Mehrwert schafft. Das gilt auch für Kühlboxen mit Gaskartusche, auch wenn diese vielleicht ein paar Grad mehr Temperaturunterschied hinbekommen.

Der Blick in den Geldbeutel ist in diesem Kapitel besonders entscheidend, denn eine empfehlenswerte Kühlbox hat leider ihren Preis, wobei sich da aktuell auch einiges am Markt tut. Die einzig wirklich sinnvolle Art, um mit Strom Kälte zu erzeugen, ist eine Kompressorkühlbox. Um euch nicht mit Physik zu langweilen, belassen wir es bei dem einfachen Hinweis, dass die Bauart durch zwei Wärmekreisläufe Druck- und Temperaturunterschiede erzeugt – und das unabhängig von der Außentemperatur. So schaffen es gute Kompressorkühlboxen sogar bis -30 °C und funktionieren somit als Gefriertruhe. **Ein weiterer Vorteil von Kompressorkühlboxen: Sie brauchen verhältnismäßig wenig Strom, und die meisten sind auch sehr leise, da sie den Kompressor nur bei Bedarf einschalten.** Bei vielen lässt sich eine definierte Temperatur einstellen. Einige verfügen mittlerweile sogar über eine integrierte WiFi- oder Bluetooth-Steuerung, was unserer Meinung nach aber im Camper keinen echten Mehrwert bietet, da man die Temperatur eigentlich nur einmal einstellt und sich dann nicht weiter darum kümmert.

Worauf ihr beim Einbau einer Kompressorkühlbox achten solltet, ist die Belüftung. Die Boxen funktionieren über Wärmeaustausch. Wenn die warme Luft nicht entweichen kann, tut sich die Kühlbox irgendwann schwer und muss unnötig viel arbeiten. Im Zweifelsfall kann sie sogar Schaden nehmen.

Wir sind große Fans von Kühlboxen, da sie beim Öffnen nicht die komplette kalte Luft ausströmen lassen, wie das bei einem Kühlschrank der Fall ist. Dennoch gibt es natürlich auch gute Gründe, sich gegen eine Box zu entscheiden.

Bild rechts: 12-Volt-Kompressorboxen können sogar Vodka zum Frieren bringen.

COOL
0
OFF
5
4

KÜHLSCHRANK

Im Gegensatz zur Kühlbox brauchen Kühlschränke eine geringere Grundfläche, da die Lebensmittel übereinander in Fächern organisiert werden. Genau hier sehen wir in der Praxis auch den größten Vorteil, denn bei einer Box muss man notgedrungen viel um- und ausräumen, um an alles ranzukommen. Die Marmelade arbeitet sich im Lauf des Tages immer weiter nach unten, sodass man sie morgens beim Frühstück natürlich wieder von ganz unten hervorkramen muss. Gut, das ist Jammern auf allerhöchstem Niveau, und sicherlich gibt es ordentlichere Menschen als uns, die ein besseres Sortiersystem in ihren Boxen haben, aber wir wollten es einfach mal anmerken.

Auch bei Kühlschränken gibt es für den Campingbedarf mehrere Optionen. Ebenfalls verfügbar und eher für ein gut belüftetes und schattiges Vorzelt geeignet sind die Absorberkühlschränke. Die Problematik ist dieselbe wie zuvor bei den Boxen beschrieben.

Hier wurde der Frontloader-Kühlschrank auf einem Sockel montiert, das erleichtert den Zugang.

Der Campingkühlschrank steht einem herkömmlichen Heimkühlschrank in nichts nach – außer im Preis.

Kompressorkühlschränke sind weit verbreitet und unserer Meinung nach, wie ebenfalls erwähnt, am besten für den Camper geeignet, wenn man sich für einen Kühlschrank entscheidet.

Eine weitere, gut funktionierende Variante sind Gaskühlschränke. Deren größter Vorteil liegt im beinahe geräuschlosen Betrieb. Wer also ohnehin eine Gasanlage an Bord hat, sollte sich unbedingt mit dieser Option auseinandersetzen. Allerdings funktionieren diese Kühlschränke auch nach dem Absorberprinzip, was wiederum die Problematik der Abhängigkeit zur Außentemperatur mit sich bringt. Außerdem müsst ihr den Gasverbrauch besser im Blick behalten. Wenn der Tank oder die Flasche leer ist, geht natürlich auch die Kühlung flöten. Aber das ist beim Kompressor und beim Strom das Gleiche.

Der Aufbau der Küche will gut überlegt sein

Zum Grundriss haben wir ja schon einige Worte verloren. An dieser Stelle wollen wir erneut darauf hinweisen, dass ihr euch gut überlegen müsst, was ihr wohin baut. Hier sind ein paar Denkanstöße zum Thema Küche, die ihr einmal durchspielen solltet:

> Wie sind meine Arbeitsabläufe in der Küche?
> In welche Richtungen sollten Schubladen, Klappen und Deckel von Schränken, Fächern und Kühlgeräten aufgehen?
> Muss ich irgendwas hin- und herräumen, um beim Kochen an mein Arbeits- oder Verbrauchsmaterial zu kommen?
> Wie viel Platz brauche ich zum Kochen?
> Gibt es (Platz für) jemanden, der beim Kochen hilft?
> Stört die Lautstärke des Kühlgeräts unter Umständen den Schlaf, wenn es zu nah am Bett verbaut ist?
> Kann der Dampf beim Kochen abziehen?
> Wo soll das Waschbecken hin (vgl. Kapitel Wasser & Bad)?
> Ist das Waschbecken groß genug, um Töpfe und Teller bequem abzuwaschen?
> Welche Ausstattung soll die Küche haben, und wie viel Platz braucht sie?

Nehmt euch für diese Überlegungen auf jeden Fall etwas mehr Zeit. Spielt ein paar Szenarien durch, schreibt alles auf und setzt Prioritäten. Anschließend könnt ihr aus all den Ideen und Gedanken einen konkreten Plan fassen, der möglicherweise bestimmte Kompromisse beinhaltet und euren individuellen Bedürfnissen bestmöglich entspricht.

Bild links: Sortierung?
Da geht noch was!

-10-
Möbelbau

Erst die Pflicht, dann die Kür

Damit ein Camper bewohnbar wird, braucht es Möbel. Bis hierhin ist alles mehr oder weniger versteckt oder später nicht sichtbar passiert, aber jetzt geht es an den Teil der Arbeit, der später über die Bewohnbarkeit entscheidet. Praktisch oder gemütlich? Oder vielleicht sogar beides? Damit am Ende auch auf Schlaglochpisten und bei Vollbremsungen alles dort bleibt, wo es hingehört, müssen wir uns erst einmal Gedanken darüber machen, wie wir die Möbel im Fahrzeug befestigen wollen.

PLANUNG

Je genauer ihr eure Möbel plant, desto leichter wird euch deren Bau von der Hand gehen. Allerdings kann man sich hierbei schnell im Detail verlieren. Oftmals stellt man sich Größenverhältnisse auf einer Skizze anders vor, als sie in der Realität sind. Deshalb gilt es, möglichst genau Maß zu nehmen, um bei Höhe und Breite der Sitzgelegenheiten, des Bettes, der Arbeitsfläche, der Tische usw. auf Nummer sicher zu gehen.

Wer damit umgehen kann oder Lust darauf hat, sich den Umgang anzueignen, der kann die Planung auch per Software angehen. Im Internet gibt es immer mehr Anbieter, die einfache und auch für Laien brauchbare Versionen zur Verfügung stellen – teilweise sogar kostenlos.

Was sich in jedem Fall als sehr hilfreich erwiesen hat, ist eine echte räumliche Visualisierung: **Bevor es an den Bau der eigentlichen Möbel geht, erstellt euch Dummies aus Karton. So fallen möglicherweise falsch geplante Proportionen auf, und man bekommt ein sehr viel besseres Raumgefühl für die späteren Möbel.** Ein weiterer Vorteil einer guten Planung ist, dass ihr die Möbel im Keller, in der Garage oder in der Werkstatt bauen und dann Stück für Stück im Fahrzeug montieren könnt.

WERKZEUG

Um mit dem Möbelbau in Eigenregie so richtig loslegen zu können, braucht es ein paar Werkzeuge, die ihr euch im Vorfeld organisieren solltet. Das kleinste Set-up besteht aus einem Akkuschrauber und einer Stichsäge. Dazu gehören ein Bit-Satz, Holz- und Metallbohrer und Schleifpapier in verschiedenen Körnungen, wasserfester Holzleim und ein paar Schraubzwingen. Damit lassen sich grundsätzlich alle Arbeitsschritte bewerkstelligen. Damit ihr nicht komplett auf dem Boden arbeiten müsst, empfiehlt es sich, ein paar Unterstellböcke anzuschaffen, und auch eine Japansäge kann eine wertvolle Ergänzung sein. Darüber hinaus setzen wir einen Meterstab, einen Winkel und einen Bleistift voraus. Außerdem ist eine Absaugvorrichtung ratsam. Wenn ihr auf der Straße ausbaut, tut es aber auch ein Industriestaubsauger.

Busbastler-Tipp: Wenn ihr euch einen Gefallen tun wollt, besorgt euch einen zweiten Akkuschrauber, denn sehr häufig muss man vor dem Verschrauben Löcher vorbohren. Das zusätzliche Gerät erspart euch, dass ihr permanent umspannen müsst, und schont zudem nicht nur das Bohrfutter, sondern auch eure Nerven.

Essentiell beim Möbelbau: Schrauben und Akkuschrauber

Die Tischkreissäge: Fast schon Profiausstattung

Die Stichsäge spielt ihre Stärken vor allem bei Rundungen und kurzen Schnitten aus. Auf der langen Geraden wird es recht schwer, einen präzisen Schnitt zu erzielen. Man kann sich hier zwar mit einer längeren, geraden Latte eine Führung bauen, aber auch das gewährleistet keine Präzision, da das Sägeblatt selbst schräg laufen kann. Dementsprechend ist zumindest eine Handkreissäge für den Bau der Möbel empfehlenswert. Zusätzlich solltet ihr auch in eine lange Führungsschiene investieren. Diese Schienen lassen sich mit Schraubzwingen an den Holzplatten befestigen, und so könnt ihr sehr präzise Schnitte sägen. Unserer Meinung nach ist diese Säge für einen Ausbau definitiv hilfreicher als eine Tischkreissäge. Vor allem dann, wenn ihr großes Plattenmaterial selbst zusägen wollt. Trotzdem ist so eine Tischkreissäge natürlich ein tolles Werkzeug, aber keine notwendige Anschaffung, wenn es ausschließlich um den Vanausbau geht.

Bild links: Die Stichsäge sollte in keiner Vanausbau-Kiste fehlen.

Ein Schwing- oder Exzenterschleifer sorgt für glatte Oberflächen und ein sauberes Finish.

Ein weiteres Werkzeug, welches das Ergebnis der Arbeit erheblich aufwertet, ist eine Kantenfräse. Anstatt die Kanten mit dem Schleifklotz zu bearbeiten, lassen sich damit schöne Rundungen oder Fasen fräsen. Durch die gleichmäßige Bearbeitung der Kanten wirkt das Ergebnis wesentlich professioneller und es gibt keine scharfen Kanten an euren Möbeln. Alternativ dazu könntet ihr auch einen kleinen Einhandhobel verwenden. Da braucht es zwar etwas mehr handwerkliches Geschick, dafür benötigt ihr keinen Strom, um die Kanten zu brechen. Mit der Kantenfräse habt ihr auch ohne Schreinerausbildung mehr gestalterische Möglichkeiten, denn je nach Fräser lassen sich ganz unterschiedliche Kantenbilder herstellen.

So aufgestellt könnt ihr den Möbelbau in einer guten Qualität starten. Eventuell ist noch ein Forstnerbohrer für die Beschläge sinnvoll oder eine Lochsäge, falls ihr eure Möbel beispielsweise leichter machen oder die Warmluftrohre der Standheizung verlegen möchtet. Das sind jedoch Werkzeuge, die ihr nicht von Beginn an benötigt, sondern bei Bedarf im Verlauf des Ausbaus anschaffen könnt.

Ein Exzenterschleifer erleichtert euch die Arbeit beim Finishen der Oberflächen, Handarbeit geht aber auch. Wenn ihr gerade Kanten und ebene Oberflächen schleifen möchtet, könnt ihr euch aus einem Holzrest einen Schleifklotz basteln. Zu kaufen gibt es auch solche aus Kork oder mit Einspannvorrichtung. Um spezielle Verbinder für die Bretter herzustellen, braucht es unter Umständen entsprechende Vorrichtungen, darauf kommen wir aber später noch zu sprechen.

Solltet ihr professionelle Ansprüche haben, dann ist eine Oberfräse und / oder ein Frästisch ein weiteres tolles Werkzeug für den Möbelbau. In Kombination mit einem Kurvenlineal lassen sich sehr leicht genaue Möbelkanten fräsen. Allerdings will der Umgang mit einer Fräse geübt sein, deshalb ist dieses Werkzeug für absolute Anfänger eher ungeeignet. Falls ihr aber jemanden im Familien- oder Freundeskreis habt, der eine Oberfräse besitzt, könnt ihr euch diese vielleicht ausleihen und zeigen lassen, wie man sie benutzt.

An dieser Stelle sei noch auf den Arbeitsschutz hingewiesen: Grundlegend solltet ihr darauf achten, dass ihr eure Gesundheit nicht gefährdet. **Arbeitsschuhe, Handschuhe, Schutzbrille, Gehörschutz und Staubmaske gehören auf jeden Fall zur Grundausstattung.** An drehenden Werkzeugen wie Bohrmaschinen, Fräsen und Kreissägen wird nicht mit Handschuhen gearbeitet. Denn diese können sich, ebenso wie lange Haare, Schmuck und weite Kleidung, im ungünstigsten Fall in der Maschine verfangen und zu Verletzungen führen.

Busbastler-Tipp: Es muss nicht immer das neueste und teuerste Werkzeug sein. Vor allem die Maschinen lassen sich auch günstig gebraucht kaufen. Schafft euch lieber eine gebrauchte, aber qualitativ hochwertige Maschine an als das billigste Teil aus dem Discounter. Aber auch diese Maschinen können besser sein als ihr Ruf. Auf keinen Fall sparen solltet ihr bei Bohrern, Sägeblättern, Schleifpapier, Messerklingen und Co. Hier hat Qualität tatsächlich ihren Preis, zudem verliert ihr mit schlechtem Material schnell die Freude an der Arbeit. Hochwertige Bohrer oder Sägeblätter könnt ihr hingegen auch für ein paar Euro professionell nachschleifen lassen.

Wir setzen einen drunter

Bei vielen Ausbauten sieht man, dass die Möbel direkt ins Blech geschraubt werden. Davon raten wir grundsätzlich ab, denn es bringt gleich mehrere Nachteile mit sich. Der erste Punkt ist, dass man relativ viele Schrauben braucht, um ein schweres Möbel sicher im dünnen Blech zu verankern. Streng genommen braucht es ordentliche Löcher, in die Einnietmuttern gesetzt werden. Und diese muss man beim späteren Möbeleinbau auch wieder treffen.

Der zweite Punkt ist das Rostproblem. Besonders wenn selbstschneidende Schrauben verwendet werden, entstehen Späne und ungeschützte Metallkanten, die bei der hohen Luftfeuchtigkeit im Fahrzeug eine ideale Quelle für Rost sind. Wenn das Blech, in dem die Schraube sitzt, direkt anfängt zu rosten, werden selbstverständlich auch die Möbel nicht sonderlich gut halten. Die Bewegung der Karosserie tut dabei ihr Übriges, denn sie verwindet sich bei Fahrten durch Schlaglöcher, über Kuppen und Senken. Die Möbel im Inneren des Fahrzeugs werden diese Bewegung, je nachdem wie sie gebaut sind, eher nicht oder nur träge mitmachen. So entsteht Reibung, die für den Lack grundsätzlich schlecht ist.

Das dritte Problem, und da knüpfen wir an das Thema Dämmung an, ist die thermische Brücke, die durch das direkte Schrauben ins Blech entsteht. Was wir beispielsweise schon mit eigenen Augen gesehen haben, ist eine Deckenverkleidung, die direkt mit dem Blech verschraubt ist. Nachts überträgt sich die Kälte über die Karosserie auf die Schrauben. Wir erinnern uns erneut an den Physikunterricht der fünften Klasse zurück: Genau an diesen kalten Schraubköpfen wird die Luftfeuchtigkeit zuerst kondensieren. So kann es also passieren, dass ihr morgens lauter kleine Wassertropfen an der Decke hängen habt. Es gilt, eine Alternative zu wählen, die all diese Probleme löst.

Das Zauberwort heißt »kleben«. Als Trägermaterial für die Unterkonstruktion ist ein sehr belastbares Material von Vorteil. Es sollte eine hohe Ausreißfestigkeit haben, nicht anfällig gegenüber Wasser und Luftfeuchtigkeit und leicht zu verarbeiten sein. Diese Eigenschaften bringt beispielsweise Birke Multiplex mit. Auf weitere Holzarten gehen wir später noch ein. Für den Moment kann diese Empfehlung aber erst einmal so stehen bleiben.

Wir sägen uns also mehrere lange Latten aus Birke Multiplex zurecht, die anschließend an den stabilsten Stellen im Fahrzeug positioniert und verklebt werden. Dazu eignen sich Quer- und Längsträger sowie Holme besonders gut. Um die Latten während der Aushärtungszeit des Klebers gut fixieren und auch ausrichten zu können, empfiehlt es sich, ein paar Nietmuttern in bereits vorhandene Löcher zu setzen. **Achtung: Bitte verwendet nach Möglichkeit das gleiche Material für die Nietmuttern wie das, aus dem die Karosserie besteht.** Verwendet also bei verzinktem Blech auch verzinkte Nietmuttern, sonst schafft ihr durch Kontaktkorrosion erneut einen Rostherd.

Durch die flächige Anbringung der Holzleiste auf die Karosserie verteilt sich das Gewicht der Möbel gleichmäßiger, als wenn diese nur an einigen Punkten ins Metall geschraubt werden.

Als Kleber für die Unterkonstruktion hat es sich bewährt, einen silanmodifizierten Polymerklebstoff zu verwenden. Dieser wird im Handel oft als MS-Polymerkleber oder als SMP-Kleber geführt. Zu den Eigenschaften dieses Klebers gehört, dass er eine hohe Anfangshaftung aufweist, nicht tropft und dauerelastisch bleibt. Das heißt, kleinere Bewegungen, wie sie in unseren Fahrzeugen auftreten, werden quasi »weggefedert«. Der Kleber härtet durch eine chemische Reaktion mit der Luftfeuchtigkeit aus und kann direkt und ohne Primer aufgetragen werden. Zudem ist er temperaturbeständig von -40° bis +120 °C.

Pro Quadratmillimeter weist dieser Kleber eine Zugkraft von zwei bis fünf Newton auf. Wenn wir beispielhaft eine Leiste mit drei Zentimetern Breite auf eine Länge von vier Metern im Fahrzeug aufkleben, könnte diese theoretisch rund 3,5 Tonnen halten. Da wir mit den Kisten aber unterwegs sind und es nicht nur mit dynamischen Lasten, sondern auch noch mit Querbelastungen zu tun haben, reduziert sich das Ganze jedoch gewaltig. Wenn wir unsere Möbel aber an mehreren solcher Leisten verschrauben, haben wir trotzdem eine sehr sichere Befestigungsvariante verbaut. Achtung: SMP-Kleber bitte nur im Innenbereich verwenden, denn er ist nicht sonderlich UV-stabil.

Birke Multiplex ist zwar kein ganz so guter Isolator wie die verbaute Dämmung, mit einem Wärmeleitwert von 0,044 W/mK sind die Werte aber immer noch super. Klebt also eine entsprechende Unterkonstruktion ein und geht mit der Dämmung bis an die Holzlatten heran. Zwischen Möbel und Unterkonstruktion gehört kein Dämmmaterial, da hier eine kraftschlüssige Verbindung gebraucht wird. Wenn Dämmung dazwischen verarbeitet wird, entsteht minimales Spiel, was über die Zeit dazu führen kann, dass Löcher ausleiern und Schrauben nicht mehr halten. Als Materialdicke für die Multiplexstreifen empfehlen wir 18 Millimeter, damit die Holzschrauben auch gut darin halten.

Busbastler-Tipp: Macht Fotos von der Unterkonstruktion und messt genau aus, wo diese im Fahrzeug angebracht ist, damit ihr die Befestigung der Möbel entsprechend planen könnt.

Verschiedene Holzmaterialien für den Möbelbau

Ich und mein Holz

Bevor wir mit dem Ausbau weitermachen, wollen wir euch hier einen kurzen Überblick über die Holzarten geben, die für den Möbelbau in einem Fahrzeug geeignet sind, und auch darauf hinweisen, von welchen ihr lieber die Finger lassen solltet. Grundlegend sollte vorab die Zielsetzung klar sein. Das Holz sollte möglichst robust, strapazierfähig und wasserresistent sein. Außerdem sollte der Werkstoff möglichst leicht sein.

Wenn diese Eigenschaften vorausgesetzt werden, fallen Press-, Span- und OSB-Platten sofort raus. Diese sind zwar günstig, taugen aber aufgrund ihrer Beschaffenheit nicht, um in einem Fahrzeug verbaut zu werden.

Grundsätzlich eignen sich hier nur Multiplexplatten. Multiplex heißt, dass mehrere Schichten Holz quer zueinander verleimt und gepresst werden. Dadurch entsteht ein sehr strapazierfähiges Material, das sich auch bei wechselnden klimatischen Bedingungen nicht verzieht. Vor allem Vollholz wird sich je nach Temperatur und Luftfeuchtigkeit mehr oder weniger in die eine oder andere Richtung verbiegen. Das resultiert beim Möbelbau meist darin, dass Türen oder Schubladen plötzlich klemmen.

Was beim Vanausbau sehr häufig anzutreffen ist, sind Multiplexplatten aus Birke oder Pappel. In Sachen Stabilität ist die Birke das Maß der Dinge, allerdings ist dieses Holz relativ schwer. **Um Gewicht zu sparen, greifen viele zur Pappel, die allerdings recht anfällig gegenüber Feuchtigkeit ist und bei Weitem keine so hohe Ausreißfestigkeit aufweist.** Relativ neu auf dem Markt und leider nicht im Baumarkt erhältlich ist die sogenannte »Queenply«. Diese Verbundholzplatte vereint die Vorteile von Birke und Pappel. Sie ist durch ihre Bauart sehr stabil und trotzdem leicht. Zum Vergleich: Ein Kubikmeter Birke Multiplex wiegt 650 Kilogramm, Pappel liegt bei 450 Kilogramm und die Queenply bei gerade einmal 330 Kilogramm pro Kubikmeter. Es lohnt sich also durchaus, abseits des Baumarkts zu recherchieren.

Wenn der Ausbau noch leichter werden soll, steht ihr relativ schnell vor dem Problem, dass viele Hölzer sehr weich sind. Banova, Paulownia oder andere ultraleichte Hölzer ermöglichen einen wesentlich leichteren Möbelbau, für deren Verarbeitung sind aber spezielle Kenntnisse vonnöten. Zum einen müssen Verbinder entsprechend stabil ausgelegt werden – für Verschraubungen sind Muffen zu empfehlen –, und zum anderen empfiehlt es sich, auch bei den Oberflächen genau darauf zu achten, wie empfindlich das Material ist. Je weicher das Holz, desto eher sind Furniere zu empfehlen.

Eine HPL-Beschichtung (Hochdruck-Laminierung) oder ein Echtholzfurnier kann dazu dienen, dass die Möbel optisch schöner aussehen und vor allem weniger empfindlich sind, was Dellen und Kratzer angeht.

Kurz gesagt, die ultraleichten Hölzer zu verarbeiten, gehört in jedem Fall zu den fortgeschrittenen Arbeiten, weshalb wir uns in diesem Buch auf normale Multiplexplatten konzentrieren, die man mit einfachen Holzschrauben zusammenschrauben kann.

Was manche TÜV-Prüfer übrigens gar nicht gerne haben, ist die oft gesehene Vollholz-Deckenverkleidung mit Nut- und Federbrettern. Hintergrund ist der, dass diese Bretter sehr stark splittern und spitz brechen können, wenn es zu einem Unfall kommt. Im schlimmsten Fall wirkt die Verkleidung wie ein Speer. Alles Weitere überlassen wir eurer Fantasie. Wer auf den Look steht, könnte auch mit Multiplex-Streifen in gewünschter Breite arbeiten. Diese lassen sich auch mit Echtholzfurnier anderer Holzarten bestellen. So wird die ganze Sache splittersicher, und es gibt keinen Ärger bei der Wohnmobilzulassung.

BEZUGSQUELLEN

Wo bekommt man die Multiplexplatten her? Der übliche Weg ist natürlich der in den Baumarkt. Hier bekommt man oftmals entsprechende Zuschnitte, was die ganze Sache auf den ersten Blick vereinfacht. Zu bedenken gilt es allerdings, dass ihr im Baumarkt meistens deutlich mehr bezahlt als im Holzhandel. Außerdem schwankt die Qualität stark, und die Zuschnitte sind nur rechtwinklig möglich. Je nachdem, an welchen Markt oder Mitarbeiter man gerät, kann das Ergebnis der bestellten Bretter stark variieren.

Ein wichtiger und wertvoller Tipp ist also: Schaut mal, ob es bei euch in der Gegend einen Holzhändler gibt, der auch an privat verkauft. Alternativ könnt ihr euch mit einem Schreiner in Verbindung setzen, der euch nicht nur Plattenmaterial bestellen und lagern, sondern auch gleich die Zuschnitte nach euren Wünschen anfertigen kann, wenn ihr nicht selbst mit einer entsprechenden Werkstatt und Werkzeug ausgestattet seid.

So, nun geht´s aber los!

Bild links: Die sichtbare Schnittkante der Multiplexplatte hat doch was, oder?

Wir bauen Möbel!

WANDVERKLEIDUNG

Für die Verkleidung der Wände eignet sich ein dünnes und leichtes Holz. Siebdruckplatten oder Vier-Millimeter-Queenply in Fichte oder Birke wäre hier zu empfehlen. Die Wandverkleidung dient im Wesentlichen dazu, eine ebene Oberfläche zu schaffen. Wenn ihr aber jeden Quadratzentimeter ausnutzen möchtet, könnt ihr auch auf die Wandverkleidung verzichten und das Blech und die Dämmung stattdessen mit Fleece oder Filz bekleben, so wird es gemütlicher und ihr reduziert die Abstrahlkälte bzw. -wärme.

Vorteil einer hölzernen Wandverkleidung ist, dass ein Freiraum zwischen Außenhaut und Möbeln bleibt. Dieser sorgt für einen zusätzlichen Isolationseffekt. Außerdem lassen sich Kabel und Leitungen teilweise hinter der Wandverkleidung verstecken. Hierzu empfiehlt es sich, vor dem Anbringen der Wandverkleidung entsprechende Leerrohre zu verlegen, damit ihr im Nachhinein noch Kabel ziehen könnt.

Busbastler-Tipp: Markiert euch auf der Wandverkleidung, wo die Unterkonstruktion und die Kabel verlaufen. Das hilft bei späteren Ausbaumaßnahmen wie dem Schrankbau.

KONSTRUKTIONSHÖLZER

Falls ihr euch fragt, ob ihr den Korpus mit Konstruktionshölzern und Messingwinkeln bauen und diese dann einfach nur verkleiden solltet: Die Antwort ist Nein!

Es gibt wirklich keinen Grund, solche billigen Holzlatten aus dem Baumarkt zu kaufen. Sie sind zwar günstig, aber oft auch krumm und schief, splittern sehr schnell und man braucht so viele Winkel und Schrauben, dass die ganze Konstruktion am Ende trotzdem schwer wird. Anders sieht es aus, wenn diese Unterkonstruktion aus Aluminiumprofilen gemacht wird.

Bild rechts: Tischlermeisterin Meike beim Bau eines Bettes

ALUMINIUMPROFILE

Nur, damit es hier auch seine Erwähnung findet: Es besteht natürlich auch die Möglichkeit, die Möbel aus anderen Materialien zu bauen. Eine gute Option ist die Verwendung von Aluminiumprofilen. Sinnvoll miteinander verschraubt, entsteht ein relativ leichtes Gerüst, das mit dünnem Holz verkleidet sehr zweckmäßig funktioniert und auch schön aussehen kann. Die Praktikabilität steht hier allerdings im Vordergrund. Einige Anbieter haben sogar Online-Konfiguratoren, mit denen ihr direkt alles zusammenstellen und bestellen könnt.

MATERIALSTÄRKE

Eine Frage, die man sich vor dem Bau der Möbel oft stellt, lautet: Wie dick sollen denn die Bretter sein? **Um Gewicht zu sparen, sollten sie immer so dünn wie möglich und so dick wie nötig sein. Bei einer Brettstärke von 15 Millimetern habt ihr mit Multiplex aber ein gängiges Maß, mit dem sich gut arbeiten lässt und das auch ausreichend stabil ist.** Zu beachten ist dabei nur, dass lange Teile immer wieder stabilisiert werden müssen. Das kann man zum Beispiel erreichen, indem man eine Aufkantung im rechten Winkel auf einem Brett befestigt. So verhindert man, dass sich dieses durchbiegt.

Für die Planung kann unter Umständen auch noch wichtig sein, welche Beschläge verwendet werden sollen. Vor allem bei Topfbändern – zu den Beschlägen kommen wir gleich noch – kann die Einbautiefe ein stärkeres Material voraussetzen. Hier kann man an den relevanten Stellen aber auch einfach etwas aufdoppeln, also ein weiteres Brett aufleimen, um die erforderliche Materialstärke zu erreichen.

VERBINDER

Vorab sei gesagt: Schrauben ist gut, Kleben ist besser! Bei allen Möglichkeiten, die ihr habt, um Holzbretter miteinander zu verbinden, sollte beim Möbelbau für den Camper der wasserfeste Holzleim verwendet werden. Die Verbinder geben der Konstruktion Halt und fixieren die Bretter, der Kraftschluss kommt aber vom Leim. Verbindungen, die nur geschraubt sind, können ausreißen und verlieren dadurch ihre Stabilität.

Die einfachste Art und Weise, um zwei Bretter miteinander zu verbinden, ist mit einer Holzschraube. Nachteil an der Sache ist, dass vor allem Schrauben, die man in Stirnseiten von Brettern schraubt, nicht so gut halten. Und im schlimmsten Fall bekommt das Holz Risse, wenn man nicht richtig vorbohrt. Außerdem sieht man dann sehr viele Schraubenköpfe an den Möbeln, was nicht unbedingt die schönste Lösung ist. Trotzdem ist diese Art zu arbeiten je nach Geschmack und Können natürlich vollkommen in Ordnung.

Eine etwas elegantere Variante sind die sogenannten »Pocket Holes«. Damit ist eine vor allem in den USA weit verbreitete Methode gemeint, um zwei Bretter miteinander zu verbinden. Dabei schraubt man mithilfe einer Vorrichtung und einem speziellen Bohrer ein Loch im sehr flachen Winkel in ein Brett. Das zweite Brett steht im rechten Winkel dazu und wird durch eine Schraube sehr stabil und einfach mit dem ersten verbunden. Wie aber schon geschrieben, ist es ratsam, zusätzlich Holzleim auf beide Bretter aufzutragen. Um die langen Löcher zu kaschieren, kann man ein Rundholz in der passenden Größe in das Loch einleimen und den Überstand bündig mit der Japansäge absägen. Wird das Ganze letztendlich kurz mit dem Schleifpapier bearbeitet, wertet dies das Ergebnis zusätzlich auf.

Durch das Ansenken von Bohrlöchern verschwinden Senkkopfschrauben im Holz.

Bei Heimhandwerkern in unseren Regionen ist die klassische Holzdübelverbindung mit Runddübeln weitaus gängiger. Beim Dübeln werden rechtwinklig Löcher in beide zu verbindenden Teile gebohrt und die Bretter anschließend mit einem Holzzapfen, dem Dübel, zusammengesteckt. Diese Verbindung hält nur durch die Verwendung von Holzleim und setzt voraus, dass die Bretter für die Zeit der Aushärtung des Leims ordentlich aufeinandergepresst werden. Das lässt sich durch Schraubzwingen erreichen, oder indem man ordentlich Gewicht daraufpackt. Zu bedenken ist dabei, dass der Leim etwa zwei Stunden zum Aushärten benötigt. Also braucht ihr entweder viel Zeit oder viele Schraubzwingen. **Des Weiteren muss man beim Platzieren der Löcher sehr genau arbeiten, sonst kann es passieren, dass die Bretter am Ende einen Versatz haben, was nicht nur doof aussieht, sondern auch dazu führen kann, dass geplante Schubladen und Fronten nicht mehr passen.** Solltet ihr euch also für die Dübel-Variante entscheiden, ist es eine Überlegung wert, sich eine entsprechende Vorrichtung zuzulegen.

Als professionelle Variante der Holzdübel gibt es außerdem die Option der Flachdübel (z. B. Lamello) oder der Zapfendübel (z. B. Domino). Hier entstehen noch stabilere Dübelverbindungen, für die man allerdings eine entsprechende Fräse braucht. Während es für die Flachdübel auch relativ günstige Maschinen gibt, sind die Dominofräsen eher was für Profis.

Wer seine Möbel auf einer CNC-Fräse anfertigen lässt, ist gut beraten, eine Kombination aus Flachdübeln und Cabineo-Verbindern einzuplanen.

BESCHLÄGE

Als Beschlag bezeichnet man alles, was an ein Möbel geschraubt wird, um ihm eine Funktion zu verleihen, zum Beispiel die Scharniere zum Öffnen von Klappen, Griffen, Riegeln, Schlössern, Auszügen und so weiter. Die Auswahl an Möglichkeiten ist beinahe unendlich. Es tummeln sich zahlreiche Anbieter, deren Sortimente ganze Kataloge füllen.

Welche Beschläge ihr verwendet, hängt ganz von eurem Geschmack und eurem Budget ab. Auch hier gilt wieder: Qualität hat ihren Preis. Zwar ist nicht alles, was teuer ist, auch automatisch gut, aber alles, was gut ist, kostet leider immer etwas mehr.

Richtige Bitaufsätze und Verlängerung für den Akkuschrauber fördern ein genaues Arbeiten.

Nehmen wir das Beispiel einer Klappe, sei es eine klappbare Tisch- oder Sitzfläche, eine Schrank- oder Türklappe. In jedem dieser Fälle muss ein Brett von einem Möbel in eine bestimmte Richtung bewegt werden.

Fangen wir mit der einfachsten Variante an: Ein Stangenscharnier, auch bekannt als Scharnierband oder Klavierband, wird mit kleinen Schrauben an den Brettern befestigt. Dabei ist es wichtig, dass die Schraubenköpfe klein genug sind, damit sie in den gesenkten Löchern auch bündig mit dem Blech abschließen. Sind sie zu groß, kann es sein, dass die Klappe nicht richtig schließt. Die kleinen Schrauben sind hier auch gleichzeitig der größte Nachteil. Sie halten nicht viel und reißen schnell aus. Jedoch wird das durch die Menge an Schrauben halbwegs kompensiert. Das Stangenscharnier wird über die gesamte Länge der Klappe verbaut und ist im Baumarkt meist in mehreren Längen zu bekommen. Sollte ein Stangenscharnier zu lang sein, könnt ihr es mit einer Metallsäge einfach kürzen und die Sägekante anschließend mit einer Metallfeile entgraten.

Es lohnt sich, nach Scharnieren zu recherchieren. Die Auswahl ist schier unbegrenzt.

Anstelle eines Stangenscharniers könnt ihr natürlich auch ganz normale Scharniere wählen. Hier gibt es auch wieder viele Varianten, aus denen ihr je nach Anwendung, Budget und persönlichen Vorlieben wählen könnt. Die Funktionsweise ist gleich.

Die nächste Variante, die euch im Baumarkt begegnen wird, ist das Aufschraubscharnier. Dieser Beschlag ermöglicht auf einfache Art eine vielseitige Anbringung der Klappen an den Schränken. So gibt es Varianten für einen innen- oder außenliegenden Anschlag, einen Mittelwandanschlag oder Varianten mit extra weiter Öffnung. Vorteil an diesen Scharnieren ist, dass man sie direkt ins Holz schrauben kann. Nachteil: Sie lassen sich nur schwer justieren und sind nicht sehr hochwertig.

Die deutlich bessere Variante sind die sogenannten Topfbänder. Der Name stammt daher, dass in der Klappe eine Topfbohrung gemacht wird. Hier sitzt die Klappmechanik. Diese wird mit dem Bandarm auf der Grundplatte befestigt, die wiederum im Schrank verschraubt wird. Je nach Ausführung lassen sich diese Topfbänder sehr leicht einstellen, ein- und aushängen. Je nach Wunsch verfügen sie sogar über eine »Soft-Close«-Funktion. Viele schrecken vor diesen Beschlägen zurück, weil man mehrere Löcher in unterschiedlicher Größe im exakten Abstand zueinander bohren muss. Zudem wird ein Forstnerbohrer für die Topfbohrung benötigt. Unser Rat: Macht es trotzdem! **Für die Bohrungen gibt es gut funktionierende Schablonen, mit deren Hilfe man wirklich wenig falsch machen kann. Übt das Ganze mal an einem Reststück. Dann werdet ihr schnell merken, dass es kein Hexenwerk ist.** Und das fertige Möbel ist mit einem hochwertigen Topfband einfach um ein Vielfaches angenehmer zu bedienen. Ganz davon abgesehen, dass ihr Spaltmaße ganz leicht einstellen könnt.

AUSZÜGE

Auszüge sind eine richtig tolle Sache. Sie ermöglichen es, den Stauraum im Camper sinnvoll mit Schubladen zu organisieren. Es gibt sie in beinahe jeder Größe und Gewichtsklasse. Schwerlastauszüge halten je nach Modell bis zu 240 Kilogramm, was ja schon einiges ist. Der Nachteil ist jedoch das Eigengewicht. Je belastbarer und hochwertiger die Auszüge sind, desto schwerer sind sie auch. Das gilt es vor allem bei Ausbauten mit einer starken Gewichts-

Schwerlastauszug mit Einrastmöglichkeit

begrenzung im Auge zu behalten. Alternativ zum Vollauszug kann es beispielsweise auch gut funktionieren, einfach eine Eurobox in den Schrank zu stellen.

VERSCHLÜSSE

Widmen wir uns nun noch dem Thema der Verschlüsse. Um die Ladung gut verstaut zu wissen, ist es unerlässlich, dass Schränke und Schubladen während der Fahrt sicher verschlossen sind.

Was nicht ohne weitere Sicherung funktioniert, sind sogenannte »Push-to-open«- oder »Soft-Close«-Auszüge. Im leeren Zustand mag es sein, dass die Schubladen bei Kurvenfahrten geschlossen bleiben, aber sobald die Schubladen beladen sind, werden sie euch in jedem Kreisverkehr zu Tode erschrecken, wenn sie auf- und wieder zuknallen.

Im Wohnmobil an jeder Ecke zu finden sind die »Push-Lock«-Verschlüsse. Dabei handelt es sich um eine Kombination aus Griff und Verriegelung. Diese Verschlüsse sind günstig zu haben, etwas frickelig einzubauen, aber in der Anwendung einfach und bewährt.

Wir empfehlen die Verwendung von selbstverriegelnden Verschlüssen. Das hat den Vorteil, dass ihr nicht daran denken müsst, die Verriegelung zu betätigen, bevor ihr losfahrt. Auch bei Auszügen gibt es Varianten mit Verriegelung. Wenn ihr es lieber einfach halten möchtet, reicht es aber auch, wenn ihr eine simple Option wählt. Dafür gibt es viele, teilweise sehr kreative Lösungen.

Bild rechts: Eine Wissenschaft für sich: der Möbelverschluss

Ganz schön oberflächlich!

Nachdem wir unsere Möbel gebaut haben, gilt es, eine angenehme Oberfläche zu schaffen und das Material gleichzeitig zu schützen. Nachfolgend gehen wir auf drei Möglichkeiten ein, wie ihr das Holz behandeln könnt. Bevor es allerdings so weit ist, steht noch einiges an Fleißarbeit an!

Zunächst muss das Holz abgeschliffen werden. Für grobe Arbeiten, wenn man zum Beispiel einen Überstand abschleifen will, könnt ihr etwa mit einer 80er-Körnung arbeiten. Für den Feinschliff wäre ein 120er oder 180er gut. Wer ein ganz feines Finish haben möchte, ist mit einem 240er-Schleifpapier gut bedient. Wenn ihr mit einer Maschine, beispielsweise einem Exzenterschleifer, arbeitet, dann achtet darauf, dass ihr das Holz gleichmäßig bearbeitet. Andernfalls lauft ihr Gefahr, euch Dellen in die Oberfläche zu schleifen. **Bei Exzenterschleifern nutzt ihr auch lieber ein etwas feineres Schleifpapier, da das kreisförmige Schleifmuster, das grobes Schleifpapier hinterlässt, nur schwer wieder rausgeht.** Außerdem sollte man grundsätzlich auf die Faserrichtung der Oberfläche achten. Beim Schleifen quer zur Wuchsrichtung können unschöne Kratzer entstehen, was dann wieder viel Zeit und Geduld erfordert, um diese mit einem feineren Schleifpapier zu entfernen.

Holz ist bekannterweise ein faseriges Material. Wenn es feucht wird, saugen sich die Fasern voll und stellen sich auf. Dadurch kann es passieren, dass sich die Oberfläche fast wieder genauso rau anfühlt wie vor dem Imprägnieren. Kleine Fasern werden beim Schleifen nämlich meist nur runtergedrückt, aber nicht entfernt.

Busbastler-Tipp: Wenn ihr das Holz vor der Imprägnierung wässert, verhindert ihr diesen Effekt. So funktioniert's: Ihr nehmt euch einen Schwamm, macht ihn ordentlich mit warmem Wasser nass und drückt ihn so weit aus, dass er nicht mehr tropft. Jetzt geht es ans Holz. Die Oberfläche sollte schön feucht bis nass werden. Gebt dem Holz anschließend ein paar Stunden Zeit, um wieder komplett trocken zu werden, und schleift dann noch mal mit einem neuen, feinen Schleifpapier und einem Schleifklotz über die Oberflächen. Dass hier ein neues Schleifpapier verwendet wird, ist sehr wichtig. Stumpfe Schleifmittel drücken die Fasern nur wieder runter, und die Arbeit war umsonst. Schöner Nebeneffekt beim Wässern: Ihr seht direkt, wie das Holz nach der Behandlung, beispielsweise mit Öl, aussehen wird. Die Maserung wird deutlicher sichtbar, und je nach Holzsorte wird die Oberfläche auch noch ein gutes Stück dunkler. Man spricht hier vom »Anfeuern«.

Bevor es nun aber an die Imprägnierung geht, muss alles mit einem Baumwolltuch vom Schleifstaub befreit und sauber gemacht werden.

Kommen wir nun zur Frage der Fragen: Öl, Lasur oder Lack? Grundlegend gilt es, da eine Entscheidung zu treffen. Die wesentlichen Unterschiede sind folgende: Öl ist meist natürlicher und weniger beständig. Deshalb müssen strapazierte, geölte Flächen immer mal wieder nachgeölt werden. Bei der Lasur ist es ähnlich. Sie dringt in die Oberfläche ein und versiegelt diese, das Holz bleibt aber grundsätzlich atmungsaktiv. Lack hingegen bildet eine geschlossene Oberfläche.

Wer Farbe ins Spiel bringen möchte, bekommt alle Produkte auch mit Farbpigmenten. Alternativ dazu könnt ihr die Oberflächen auch in einer beliebigen Farbe beizen. Achtung: Beize und Metall vertragen sich nicht. Also unbedingt alle Beschläge und Schrauben vorher abmontieren und einen Pinsel ohne Metall verwenden. Beize gibt es oft als Pulver, das mit Wasser angerührt wird. Mit dem Pinsel oder einem Schwamm wird die Farbe gleichmäßig aufgetragen. Nach dem Trocknen kann das Werkstück mit Öl, Lasur oder Lack behandelt werden. Werft unbedingt einen Blick ins Datenblatt oder nutzt Produkte desselben Herstellers, da nicht alle Produkte miteinander verträglich sind.

Kümmern wir uns nun zunächst um die Behandlung mit Öl. Oberflächen mit Öl zu behandeln, ist sehr einfach und relativ günstig. **Das Öl wird mit einem fusselfreien Lappen aufgetragen und mit kreisenden Bewegungen in die Oberfläche eingearbeitet. Das Ganze lässt man dann kurz einziehen und überschüssiges Öl wird mit einem trockenen Lappen wieder entfernt.** Lasst bitte keine Pfützen oder Tropfen auf den Brettern stehen, das wird beim Trocknen klebrig und sieht doof aus. Um ein richtig feines Ergebnis zu erzielen, kann man hier auch noch mal einen sehr feinen Zwischenschliff machen und eine weitere Schicht Öl aufbringen.

Bei der Auswahl des Öls gibt es ein paar Dinge zu beachten: Es gibt Öle für den Innen- und den Außenbereich. Letztere haben meist einen UV-Schutz, was auch bei der Behandlung eurer Möbel zumindest einen Gedanken wert sein sollte. Gerade die Bereiche an Türen und Fenstern sind ja oft der Sonne ausgesetzt. Öle mit Farbpigmenten können dem Holz zudem einen anderen Ton verleihen, grundsätzlich wird es sich dabei aber eher um Nuancen handeln. Die Maserung bleibt sichtbar und der natürliche Charakter der Oberfläche erhalten. Informiert euch bitte, ob die Farben lebensmittelecht sind. Das ist vor allem bei der Behandlung der Arbeitsflächen wichtig. Am besten kauft ihr Produkte, die für Kinderspielzeug geeignet sind.

Speiseöle sind in jedem Fall lebensmittelecht, aber nur bedingt für die Imprägnierung von Möbeln geeignet. Denn Speiseöle enthalten keine Trocknungsstoffe, was zur Folge hat, dass sie sehr lange brauchen, um zu trocknen und mit dem Luftsauerstoff eine Harzschicht auf der Oberfläche zu bilden. Dieser Prozess kann bis zu mehrere Wochen dauern. Vor allem Olivenöl, Sonnenblumenöl oder Rapsöl funktionieren vielleicht für Schneidebretter, die regelmäßig abgespült und neu eingeölt werden, für Möbel sind diese Öle aber völlig ungeeignet, denn sie trocknen überhaupt nicht oder nur teilweise. Dadurch kann es passieren, dass sie ranzig werden.

Um Oberflächen noch etwas robuster zu machen, sind Öle mit Hartwachsanteil zu empfehlen. Diese lassen sich etwas zäher verarbeiten als reines Öl, vom Grundsatz her funktioniert es aber genauso. Diese Behandlung wirkt wasserabweisender, und das Wachs pflegt das Holz zusätzlich. So bleibt es länger schön. Trotzdem sei dazu gesagt, dass geölte Oberflächen pflegebedürftiger sind, sonst gibt es schnell Wasserränder.

Für viele holzbegeisterte Menschen ein toller Moment: das Auftragen des Öls

Jetzt kommt die Holzmaserung richtig zur Geltung.

Was beim Arbeiten mit Öl unbedingt noch zu erwähnen ist: Vor allem der Klassiker Leinöl ist im wahrsten Sinn des Wortes brandgefährlich! Es wird ausdrücklich davor gewarnt, mit Öl getränkte Lappen einfach zusammengeknüllt wegzuwerfen. Wenn man es genau nimmt, trocknet das Öl nämlich nicht, sondern vernetzt. Dabei entsteht Wärme, und so kann es passieren, dass sich Öllappen im Mülleimer selbst entzünden. Um das zu verhindern, gibt es zwei Varianten: Entweder die Lappen richtig wässern und ausspülen, was eine ziemliche Sauerei ist, oder ihr hängt sie einfach ordentlich auf, bis sie komplett trocken sind.

Die Lasur ist, wie bereits geschrieben, eine weitere atmungsaktive Option, um das Holz vor Umwelteinflüssen zu schützen. Lasuren basieren auf Lösungsmitteln, sind also nicht ganz so ökologisch, aber auch da gibt es Unterschiede. Beim Lasieren geht man meist in zwei Arbeitsschritten vor. Im ersten Schritt nach der Vorbereitung (siehe oben) wird die Lasur verdünnt, damit sie tiefer in das Holz eindringen und es schützen kann. Nach dem Trocknen wird die Oberfläche noch mal ganz fein angeschliffen und ein weiteres Mal mit der puren Lasur eingepinselt. Das Ganze führt am Ende zu einer sehr strapazierfähigen, atmungsaktiven Oberfläche mit einem seidigen Glanz.

Ob das Lackieren der Holzmöbel die richtige Wahl für euch ist, dürft ihr gerne selbst entscheiden. Mit der Lackschicht schafft ihr in jedem Fall eine geschlossene Oberfläche. Damit nehmt ihr dem Holz seine natürliche Funktion, die Luftfeuchtigkeit aufzunehmen und wieder abzugeben. Auf der anderen Seite erzeugt ihr sehr robuste, pflegeleichte und strapazierfähige Oberflächen. Gerade in Nassbereichen kann es einen großen Unterschied machen, ob das Holz dort schnell verwittert oder seine schöne Farbe behält. Klarlack belässt die Holzoptik, bei farbigen Lacken ist vom Holz später nichts mehr zu sehen. Nachteil bei Lack: Er ist unter Umständen empfindlich gegenüber Kratzern und kann bei starker Beanspruchung abplatzen. Wenn man sich erst einmal eine ordentliche Macke in die Möbel gehauen hat, gilt es, diese Beschädigung möglichst schnell wieder auszubessern, da sonst unter Umständen Feuchtigkeit eindringt, welche durch die Lackschicht aber nur schwer wieder aus dem Holz entweichen kann.

Zur Vorgehensweise: Auch beim Lackieren muss das Holz entsprechend vorbereitet werden. Der Lack eurer Wahl wird mit Pinsel, Rolle oder Sprühpistole aufgetragen. **Insgesamt werden mindestens zwei, besser drei Schichten Lack empfohlen. Nach jeder Schicht muss der Lack trocknen und feingeschliffen werden, damit die nächste Schicht auch hält.** Das Ganze sollte in einer möglichst staubfreien Umgebung stattfinden, da sich Staubpartikel im feuchten Lack festsetzen können und die Oberfläche dadurch rau werden kann.

»HOW TO« MÖBELBAU

Ihr seht: Das Thema Möbelbau ist sehr umfangreich. Wie einzelne Arbeitsschritte funktionieren, wie man mit welchem Werkzeug umgeht und wie man beispielsweise Schablonen baut oder Beschläge montiert, haben wir unter **busbastler.de/handbuch** in einer Linksammlung zusammengestellt. Dort findet ihr auch verschiedene Werkzeuge, die wir empfehlen können. Ansonsten legen wir euch auch den Besuch eines Möbelbau-Workshops der Busbastler Academy ans Herz. Live vor Ort lernt sich so etwas immer besser als theoretisch aus einem Buch oder Video.

Bild links: Nicht nur ein schöner Look, sondern auch eine wichtige Schutzschicht für eure Arbeitsfläche

-11-
Sicherheit

Sicher ist sicher

Wie sicher ist das Land, in das ich reise? Kann man meinen Van leicht stehlen? Sind meine Fenster sicher? Wohin mit meinem Hab und Gut? Eines steht fest: Ihr solltet euch nicht zu viele Sorgen vor jeder Reise machen.

Solche Gedanken sind grundsätzlich zwar wichtig, trüben aber oft das Reisevergnügen, weil man sich die schlimmsten Szenarien ausmalt. Wir geben einen kleinen Überblick über Dinge, die man tun kann, um nicht nur sein Fahrzeug und die Wertsachen zu sichern, sondern auch sich selbst.

WIE ARBEITET EIN DIEB?

Die meisten Einbrüche und Diebstähle sind sogenannte Kurzschlusshandlungen. Der Dieb wittert eine Möglichkeit immer dann, wenn ihr nicht nur zur falschen Zeit am falschen Ort seid, sondern vielleicht sogar etwas schusselig agiert. Türen sind nicht verriegelt, ein Fenster steht offen, Wertsachen liegen sichtbar im Fahrerbereich. Das sind genau die Fehler, auf die Diebe nur warten.

Beim Autodiebstahl sieht es meist anders aus. So etwas ist fast immer geplant. Vom Öffnen des Fahrzeugs bis zum Lahmlegen der Wegfahrsperre – hier sind Profis am Werk, deren Machenschaften ihr nur mit viel Aufwand entgegenwirken könnt. **Der Faktor Zeit ist bei einem Diebstahl meist entscheidend. Hürden, mit denen ein Dieb nicht rechnet und die ihn wertvolle Zeit kosten, sind eure wirksamste Waffe, um ihm das Leben schwer zu machen.** Denn dauert eine Aktion zu lang, ist auch die Gefahr, erwischt zu werden, deutlich größer.

Wir stellen euch in diesem Kapitel unsere Erfahrungen vor und geben Tipps für hilfreiche Produkte, die euch bei der Auswahl der richtigen Sicherheitseinrichtung helfen sollen.

Bild rechts: Wertsachen wie Laptops oder Handys sollte man nie offen im Fahrzeug liegen lassen.

PROCEED

WERTSACHEN

Wir fahren einen Haufen Kram mit uns rum: Kamera, Laptop, Drohnen – selbst unser Handy hat mittlerweile unter Umständen einen höheren Wert als manch altes Auto. Daher ist es wichtig, genau solche Dinge sicher zu verstauen und vor Dieben zu verbergen. Sucht euch Orte im Van, wo ihr eure Wertsachen verstauen könnt, wo es vielleicht selbst für euch schwieriger ist, an sie heranzukommen. Das kann ein Geheimfach im Schrank sein, ein doppelter Boden, ein Schlitz in der Matratze. Was klingt wie aus einem James-Bond-Film, sind einfache Dinge, die ihr unkompliziert und schnell umsetzen könnt. Lasst Wertsachen niemals offen im Fahrerhaus oder Wohnraum liegen. Was der Dieb nicht sieht, kann er nicht klauen. Selbst Kleingeld oder die Soundbox auf dem Armaturenbrett haben schon so manchen Kleinkriminellen angelockt.

SAFE

Während Safes vor 100 Jahren nur Banken und Großindustriellen vorbehalten waren, kann man sie sich heutzutage ganz unkompliziert in den Van einbauen. Wer gern bastelt, kann auf einen handelsüblichen Hotelsafe zurückgreifen. **Diese gibt es meistens schon gebraucht und in verschiedenen Ausführungen. Fest verbaut in einem Schrank, sind sie perfekt für wichtige Papiere und Wertsachen.** Meist passt allerdings kein Laptop hinein. Wer auf etwas Besonderes zurückgreifen möchte, sollte bei Reimo vorbeischauen. Hier gibt es eine große Auswahl an passenden Safes für euren Van. Ob in der Tür oder in der Sitzkonsole, die Auswahl ist groß und individuell. In manch einem Safe findet sich auch Platz für einen Laptop und allerlei andere Schätze.

MINI-VERSTECKE

Das sichere Aufbewahren von Bargeld oder Papieren ist am einfachsten in Verstecken, die unerwartet sind, wie zum Beispiel aufschraubbare Konserven-, Getränke- und Öldosen. Aber auch Kleiderstangen eignen sich hervorragend, um Bargeld aufzubewahren. Das Spannendste, was wir in unserer Recherche entdecken konnten, war eine lange Schraube in der Größe M16, deren Kopf man aufschrauben kann, um sie als Versteck zu nutzen. Ihr seht, der Kreativität sind keine Grenzen gesetzt.

Bild links: Ein alter Hotelsafe mit Zahlenkombination ist keine unüberwindbare Hürde, schreckt aber den Gelegenheitsdieb ab.

ALARMANLAGE

Uns wundert es nicht, wenn sich bei einigen von euch jetzt die Nackenhaare aufstellen. Bei dem Wort Alarmanlage müssen wir sofort an ein riesiges Kabelgewirr denken und an lauten Alarm, der nicht selten ohne Grund ausgelöst wird. Aber hey, die Zeiten sind zum Glück vorbei. Heute ist alles »Plug'n'Play«, easy und smart, sei es in die Fahrzeugelektrik eingebunden oder als alleinstehendes System nur für die Innenraumüberwachung. **Mit Bewegungssensoren oder Fenster- und Türkontakten versehen, eure Möglichkeiten sind vielfältig und die Technik mit GPS, Bluetooth und Internetanbindung auf dem neuesten Stand.** Das Integrieren eurer Gassensoren ist dabei nur eine Zusatzoption von vielen. Auch kleine, handliche Alarmanlagen, nicht größer als eine Kaffeekanne, erfreuen sich immer größerer Beliebtheit. Also kann man Alarmanlagen heute ohne Bedenken wieder in die Ausbauplanung mit aufnehmen.

TÜR- UND FENSTERVERRIEGELUNG

Das habt ihr bestimmt schon mal gesehen: große, klobige Zusatzschlösser an den Türen unterschiedlicher Wohnmobile und auch am Kastenwagen. Solche Verriegelungen sind eine weitere Sicherung, die fest mit Tür und Karosse verbunden ist und die man nur via Schlüssel öffnen kann. Viele stören sich an diesen hässlichen Zusatzschlössern, doch dass sie so groß sind, hat nicht nur den Vorteil, dass man sie schwer öffnen kann. Durch die Sichtbarkeit schrecken sie die Einbrecher außerdem schon von Weitem ab. Mittlerweile sind solche Zusatzverriegelungen auch für Fenster erhältlich, denn vor allem die leicht zu öffnenden Dachfenster bedürfen einer Sicherung vor Einbrechern.

DACH SICHERN

Apropos Dachfenster: Mittlerweile sieht man Dachleitern und -träger sehr häufig im Vanbereich. Sie bieten sich auch super zum Transport von Sportgeräten und allerlei teurem Schnickschnack an. Versucht die Aufgänge wie Leitern nach Möglichkeit so zu sichern, dass der Dieb es schwer hat, euer Dach zu erklimmen und Equipment oder die Solaranlage zu entwenden. Am Dachträger lassen sich auch Sicherungen für Dachfenster befestigen, um ein Eindringen zusätzlich zu erschweren.

Wenn der Dieb es auf den Van abgesehen hat

Wir wünschen es niemandem, finden aber trotzdem, dass man sich darüber einmal Gedanken machen sollte. Wie kann ich meinen Van vor Diebstahl schützen? Auch hier gibt es mittlerweile gute Systeme, die euch ein Sichern oder Verfolgen eures Fahrzeugs ermöglichen.

ALARMANLAGE

Wie oben schon beschrieben, wirkt Lautstärke grundsätzlich abschreckend. Schlägt man die Scheibe ein oder öffnet die Tür, ertönt ein lautes Signal. In Großstädten ist man das jedoch schon gewohnt, und die wenigsten reagieren noch aufmerksam auf das schrille Geräusch. Um den Diebstahl des Fahrzeugs zu verhindern, sind daher elektronische Wegfahrsperren eine gute Option.

ELEKTRONISCHE WEGFAHRSPERREN

Je nach Ausstattung blockieren sie elektronisch die Startfunktion des Motors. Dabei trennt die Wegfahrsperre die Verbindung zwischen Anlasser, Zündung und Kraftstoffzufuhr. Dadurch kann der Motor nicht starten. Je nach Bauart und Funktionsweise werden dem Dieb hierbei mehrere Steine in den Weg gelegt, was aber nicht heißt, dass es sicher funktioniert. Seit 1998 müssen alle europäischen Neufahrzeuge über eine Wegfahrsperre verfügen. Standard ist mittlerweile ein Chip im Schlüssel, der bei Erkennung das Steuergerät der Wegfahrsperre entriegelt. Um Manipulationen der Steuergeräte über die OBD-Steckdose des Fahrzeugs zu verhindern, gibt es OBD-Schlösser, die einen Zugriff auf diese verhindern. **Solltet ihr einen Keyless-Go-Schlüssel besitzen, achtet immer darauf, dass sich keine Personen am Fahrzeug befinden. Auch auf Taschen, die in der Nähe eures Fahrzeugs liegen, solltet ihr aufpassen.** Mittlerweile nutzen Diebe Funkwellensender, welche die Funkwelle des Schlüssels aufschnappen. Mithilfe des Codes können sie dann einfach in euer Auto einsteigen und losfahren. Ihr merkt also, dass es sich lohnen kann, noch zusätzliche Anti-Diebstahl-Optionen einzubauen.

GPS-ORTUNG

Ein kleiner GPS-Tracker, der ans Bordnetz eures Vans angeschlossen wird, gibt euch die Möglichkeit, über euer Smartphone den Standort eures Vans zu bestimmen. Das ist ideal für die Verfolgung eines gestohlenen Fahrzeugs. Leider ist die Technik so anfällig, dass man diese Sender schnell stören kann. Das wissen Autodiebe meist und sind vorbereitet. Dennoch finden wir die GPS-Ortung als kleine, günstige Lösung nicht schlecht. Denn sie hat mehrere nette Vorteile: Sie erleichtert das Wiederfinden des Vans in Großstädten, wenn ihr mal nicht mehr wisst, auf welchem Parkplatz er steht. Außerdem habt ihr die Möglichkeit, eure Reiserouten aufzuzeichnen.

BEAR-LOCK

Bear-Lock ist vielen als Markenname sicherlich ein Begriff. Dahinter steht eine Firma, die sich auf Fahrzeug-Sperrsysteme spezialisiert hat. Ob zusätzliche Lenkrad-, Motorhauben- oder OBD-Buchsensperren – an jede Eventualität wurde gedacht. Eine der sichersten Wegfahrsperren funktioniert über das Blockieren des Ganghebels. Dieser wird mittels Schlüssel in einer bestimmten Position arretiert. Die Sperre ist meist massiv und ziemlich unzugänglich verbaut, sodass es für den Dieb unmöglich ist, einen Gang einzulegen. Je nach Fahrzeug kostet so eine Sperre zwischen 300 und 600 Euro und kann auch direkt vom Bear-Lock-Fachmann eingebaut werden.

LENKRAD- UND RADSPERREN

Die Lenkradsperre kennt man noch aus den 1990er-Jahren, als diese Art manueller Diebstahlschutz auf den Markt kam. Mittels Schloss wird eine Kralle am Lenkrad befestigt, welche das Drehen desselben verhindern soll. Hierbei solltet ihr auf Qualität setzen und nicht das billigste Modell aussuchen, da sich diese relativ schnell aufbrechen lassen. So ähnlich funktionieren auch Radsperren. Diese habt ihr bestimmt schon mal bei Falschparkern gesehen. Das Rad wird mechanisch blockiert, und so ist das Wegfahren absolut unmöglich. Diese zwei Möglichkeiten bremsen einen Dieb zwar aus, lassen sich aber doch relativ schnell knacken. Auch aufgrund der etwas sperrigen Bauform benötigt man zusätzlich Platz, um sie zu verstauen.

Bild links: In dieser nachgestellten Szene sind keine Fenster zu Schaden gekommen.

Kleine Ideen mit großer Wirkung

Sichtbar liegen gelassene Wertsachen wirken wie eine Einladung.

In unserer Laufbahn als Busbastler haben wir schon so einige spannende und kuriose selbst gebaute Wegfahrsperren und Anti-Einbruch-Einrichtungen gesehen. Die einfachste Art, Diebe abzuschrecken, war die Hundeschüssel vor dem parkenden Auto. Der Dieb könnte denken, es ist ein Hund an Bord, und versucht es vielleicht gar nicht erst. Auch Badelatschen oder Wanderschuhe vor der Schiebetür könnten ein Zeichen dafür sein, dass sich jemand im Fahrzeug befindet, obwohl ihr gar nicht da seid.

Spannend, im wahrsten Sinne, ist auch der Spanngurt zwischen den beiden Türen vorn. Dieser wird innen zwischen Fahrer- und Beifahrertür gespannt. Trotz Öffnen des Schlosses lassen sich dabei die Türen auf Teufel komm raus nicht öffnen. Aber auch die Schiebetüren und Hecktüren lassen sich einfach durch Vorhängeschlösser zusätzlich verriegeln. Bei der Schiebetür ist das außen an der Türschiene super einfach zu lösen. Ihr bohrt ein Loch von oben in die Schiene und mittels Vorhängeschloss wird das Öffnen der Schiebetür verhindert. Auch von innen lassen sich durch einfache Ösen, die ihr in Tür und Karosserie schraubt, zusätzliche Schlösser anbringen.

Viele nutzen auch Köder im Innenraum, das heißt, sie legen absichtlich Portemonnaies auf den Tisch oder ins Handschuhfach, um den Dieb schneller loszuwerden. Dieser denkt nämlich, er habe schnell den großen Fang gemacht, und macht sich aus dem Staub. Betrachtet er dann seine Beute genauer, findet er nur einen 5-Euro-Schein und eine abgelaufene Mitgliedskarte eines Fitnessstudios. Dasselbe funktioniert übrigens auch mit alten Laptops oder Navigeräten.

Bei älteren Fahrzeugen kann man mit ein wenig Erfahrung im Kfz-Bereich eine eigene Wegfahrsperre bauen, indem man über versteckte Schalter selbst den Anlasser oder die Kraftstoffpumpe unterbricht. Die Starterbatterie via Schalter zu trennen, wäre auch eine Möglichkeit. Leider vertragen moderne Fahrzeuge so was eher nicht, da nach jedem Totlegen der Batterie diverse Steuergeräte neu angelernt werden müssen.

Das Allerwichtigste zum Thema Sicherheit ist die Tatsache, dass ihr euch in eurem Van sicher fühlen solltet. Und bedenkt immer: Nicht jeder Mensch auf dieser Welt ist schlecht. Geht auf euren Reisen niemals vom schlimmsten Fall aus. Achtet aber immer auf euer Hab und Gut.

– 12 –
Gimmicks

Alles kann, nichts muss

Ein Dachträger bietet mehrere praktische Möglichkeiten, diesen effizient zu nutzen.

In diesem Kapitel soll es um praktische Erweiterungen gehen, die euch das Leben im und um das Fahrzeug erleichtern oder komfortabler machen können.

DACHTRÄGER

Man kann nie genug Stauraum haben. Deshalb sind Dachträger auch äußerst beliebt. Vor allem für Dinge, die man nicht im Fahrzeug haben möchte, kann das sehr praktisch sein. Stand-up-Paddleboards, der Grill oder Bergematerial sind Beispiele für solche Dinge. Ob selbst gebaut oder von der Stange – es gibt für jedes Fahrzeug eine Lösung. Neben dem zusätzlichen Platzangebot für Equipment kann so ein Dachträger auch als Dachterrasse dienen. Man kann diverse Gegenstände daran befestigen, zum Beispiel eine Markise, Solarpanels oder einfach die Hängematte. Ein weiterer schöner Nebeneffekt: Die Sonne knallt euch nicht mehr direkt aufs Dach, sondern auf den Dachträger, und durch die Unterlüftung wird es im Fahrzeug im Sommer nicht mehr ganz so heiß.

Wenn ihr allerdings über das Thema Dachträger nachdenkt, solltet ihr den Aspekt der Dachlast nicht außer Acht lassen. Zu unterscheiden ist hierbei zwischen der dynamischen und der statischen Dachlast. Die dynamische Dachlast beschreibt das Gewicht, das ihr während der Fahrt auf dem Dach befördern dürft. Die statische Dachlast beschreibt hingegen das Gewicht, das die Karosserie im Stand auf dem Dach aushält. Die dynamische Dachlast ist deutlich geringer, weil die Lasten bei einem Unfall durch die auftretenden Kräfte deutlich stärker auf die Karosserie einwirken als im Stand. Deshalb funktioniert es beispielsweise problemlos, auf einem stehenden Fahrzeug mit 50 Kilogramm dynamischer Dachlast zu viert auf der Dachterrasse zu sitzen, ohne dass etwas passiert.

Die Angaben zur dynamischen Dachlast findet ihr im Normalfall in der Betriebsanleitung. Für die statische Dachlast lohnt sich ein Blick in die Aufbaurichtlinie, oder ihr fragt beim Hersteller nach. Apropos Aufbaurichtlinie: Dieses Dokument beschreibt sehr gut, was am Fahrzeug gemacht werden darf und unter welchen Voraussetzungen. So wird dort beispielsweise auch beschrieben, wie und wo ein Dachträger an der Karosserie befestigt werden darf. Das ist besonders dann wichtig zu wissen, wenn nicht bereits vordefinierte Punkte oder eine Trägerschiene am Fahrzeug angebracht sind.

Eine weitere, sehr häufig auftretende Frage ist die, ob ein Dachträger vom TÜV eingetragen werden muss. Grundsätzlich ist die Antwort darauf Nein, allerdings nur unter gewissen Voraussetzungen. **Ein Dachträger ist nicht TÜV-relevant, wenn er mit einfachen Mitteln demontierbar ist und die vorgegebenen maximalen Dachlasten eingehalten werden. In diesem Fall gilt der Träger als Ladung und muss lediglich gut gesichert sein.** Das bedeutet als Konsequenz aber auch, dass Zusatzbeleuchtung oder beispielsweise Solarpanels problemlos zu entfernen sein müssen. Das lässt sich mit wasserdichten Steckern sehr leicht realisieren.

Anders sieht es aus, wenn der Dachträger mit dem Fahrzeug fest verbunden ist. Schweißt, nietet oder klebt ihr den Dachträger ans Fahrzeug, wird er ein Bestandteil dessen und muss in die Fahrzeugpapiere eingetragen werden. Schließlich ändert sich damit ja auch zumindest die Fahrzeughöhe.

Das ist auch dann zutreffend, wenn ihr zum Beispiel das (einzige) Fernlicht, das Nummernschild oder andere Bauteile auf den Träger auslagert, die für eine Betriebserlaubnis laut Straßenverkehrsordnung am Fahrzeug vorgeschrieben sind. Eine feste Verkabelung könnte der Prüfer auch als Indiz für eine permanente Anbringung interpretieren.

Muss der Dachträger eingetragen werden, gibt es zwei Szenarien: Entweder es gibt bereits Prüfberichte, oder es ist nachweislich alles so verbaut, dass es den Vorgaben des Fahrzeugherstellers entspricht. Dann ist die Sache recht schnell erledigt. Sollte das jedoch nicht der Fall sein, dann wird es unter Umständen sehr aufwendig und damit teuer. Ein Einzelgutachten geht meist mit einer sehr umfangreichen Recherche einher und kann im ungünstigsten Fall die Vorlage von Einzelfallprüfungen, Zugversuchen und Crashtests voraussetzen. Solltet ihr also eine Speziallösung anstreben, empfehlen wir euch, euer Vorhaben schon vorab mit eurem TÜV-Prüfer abzusprechen. So erlebt ihr keine bösen Überraschungen.

Fluch und Segen zugleich: Die Markise ist je nach Modell ein teurer Mehrwert.

MARKISE / TARP

Wo wir sie gerade schon erwähnt haben, wollen wir ein paar Worte über die Outdoor-Überdachung verlieren. Wenn man sich länger als einen Tag an einem Ort aufhält, ist ein Tarp oder eine Markise sehr komfortabel. Ein überdachter Bereich vor der Tür vergrößert den Wohnraum. Als Schattenspender oder Regenschutz lernt man diesen Luxus sehr schnell zu schätzen.

Das Tarp ist die einfachere und günstigere Option. Man muss lediglich für Befestigungspunkte an seinem Fahrzeug sorgen und kann die Plane dann wie ein Vorzelt, so wie man es eben gerade braucht, abspannen. Als Befestigungspunkte eignen sich beispielsweise ein Dachträger, eine Dachreling oder Saugnäpfe. Von Magneten würden wir eher abraten. Wenn der Wind die Plane erfasst, zieht diese die Magnete meist schön über das Blech, und das hinterlässt sehr unschöne Kratzer im Lack. Alternativ zur Befestigung am Fahrzeug könnt ihr die Plane auch einfach über das Fahrzeug abspannen und dahinter im Boden verankern. Das setzt natürlich längere Schnüre oder eine entsprechend große Plane voraus. Aber auch hier solltet ihr berücksichtigen, dass diese Variante nicht gerade lackschonend ist. Vorteil: Tarps sind einfach und günstig. Nachteil: Man braucht einen geeigneten Untergrund, um es vernünftig abspannen zu können.

Die bequemere und auch schnellere Möglichkeit für Schutz vor Regen oder Sonne ist eine Markise. Vor allem die sogenannten Kassettenmarkisen zeichnen sich durch eine sehr einfache Handhabung aus. Rauskurbeln, Stützen ausziehen, fertig. Also fast. **Eine Markise sollte dem Wetter entsprechend gut abgespannt sein, damit sie nicht von der nächsten Windböe zerstört wird. Um die Stützen unabhängig vom Untergrund sicher zu befestigen, gibt es Lösungen, die diese direkt am Fahrzeug verankern.** Das können fest verschraubte Halter, Saugnäpfe oder starke Magnete sein. Ein zusätzlicher Vorteil ist, dass man die Markise auch ein kleines Stück ausfahren kann, ohne die Stützen zu verwenden. Dieses kleine Stück reicht aber meist schon, dass es bei Regen nicht sofort zur Schiebetür hereintropft.

Eine weitere Art der Markise ist die Sackmarkise. Sie kommt ohne Kurbelmechanik daher und wird meist in einem Stoffsack aufbewahrt, der am Fahrzeug befestigt ist. Der Vorteil der Sackmarkise ist das geringere Gewicht, allerdings ist sie etwas umständlicher aufzubauen und kann meist nur im voll ausgefahrenen Zustand verwendet werden.

Ähnlich wie die Sackmarkise sind 180°- oder 270°-Markisen am Fahrzeug angebracht. Aber anstatt den Markisenstoff auszurollen, werden lange Arme ausgeklappt, zwischen denen der Stoff fest angebracht ist. Diese Arme werden dann abgestützt und abgespannt. Diese Markisen sind sehr schnell aufgebaut und schaffen einen großen überdachten Raum am Fahrzeug.

Einige Markisen bieten die Möglichkeit, eine Art Zelt darunter einzuhängen. Ähnlich wie Vorzelte nimmt der Aufbau aber mehr Zeit in Anspruch. Dieser Aufwand lohnt sich vor allem dann, wenn man sich längere Zeit an einem Ort einrichtet.

ERDANKER

Der Klassiker, um Zelte und Planen abzuspannen, sind Heringe. Simple Metallstifte, die in den meisten Fällen durchaus sinnvoll ihren Dienst tun, sofern der Boden nicht zu steinig ist. Als Alternative dazu haben sich lange Tellerkopfschrauben bewährt. Allerdings setzt das voraus, dass man auch einen Akkuschrauber dabeihat. Ist dieser an Bord, finden die Tellerkopfschrauben in fast jedem Untergrund sicheren Halt.

DACHZELT

Das Campen mit einem Dachzelt ist eigentlich eine ganz eigene Kategorie. Trotzdem wollen wir das Dachzelt als pfiffige Option erwähnen, um einfach zusätzliche Schlafplätze zu realisieren. Einige sehr leichte Dachzelte sind im Sommer auch eine tolle, luftige Alternative für einen Schlafplatz unter den Sternen.

RESERVERADHALTER

Eher was für die Offroad-Camper unter euch ist ein Reserveradhalter an der Hecktüre. Über die Optik kann man sicher streiten, aber es ist deutlich angenehmer, wenn man bei einem platten Reifen nicht in den Dreck unter das Fahrzeug krabbeln muss. Zusätzlich könnte man diesen Halter auch anderweitig nutzen, beispielsweise für einen Lagerfeuer-Grill oder Reserverad-Rucksack, in dem man Brennholz oder den Müll außerhalb vom Fahrzeug transportieren kann.

Der Windabweiser ist ein sinnvolles Gimmick am Fahrzeug und wirkt gleichzeitig sehr stylish.

SANDBLECHE

Gleiche Kategorie wie oben, aber auch gern verwendet, sind Sandbleche, die am Fahrzeug befestigt sind und sich abklappen lassen. So kommt man nicht nur schnell und bequem an sein Bergematerial, sondern man kann die Bretter auch als Tisch am Fahrzeug benutzen.

WINDABWEISER

Windabweiser sind Kunststoffteile, die im Rahmen der Seitenfenster im Fahrerhaus eingeklemmt werden. Der ursprüngliche Zweck der Windabweiser war die Tatsache, dass man das Fenster während der Fahrt einen Spalt öffnen kann, ohne dass der Fahrtwind ins Fahrzeug zieht. Diesen erfüllen sie nach wie vor, allerdings bieten sie für Camper noch einen zusätzlichen Bonus: Man kann die Fenster nachts auch bei Regen einen Spalt offenlassen, ohne dass der Sitz nass wird.

Bitte ein Bit
Bitburger

Beliebte Lüftungsgitter für die VW-T5-Seitenscheibe

LÜFTUNGSGITTER

Für diejenigen, denen der oben genannte Spalt nicht ausreicht oder die Angst davor haben, dass sich jemand oder etwas Eintritt verschafft, besteht die Möglichkeit, sich Lüftungsgitter zwischen Scheibe und Fensterrahmen zu klemmen. Diese gibt es passend für die meisten Fahrzeuge und teilweise auch für Schiebefenster.

TRITTSTUFE

Für ein leichteres Ein- und Aussteigen ins Fahrzeug bieten sich verschiedene Arten von Trittstufen an. Diese sind bereits beim Ausbau des Fahrzeugs Gold wert, da das ständige Hoch und Runter in das Fahrzeug und wieder hinaus auf Dauer echt auf die Knochen geht. Einfache Lösungen bieten mechanisch ausziehbare Trittstufen, eleganter geht es mit elektrischen. Letztere fahren auf Knopfdruck oder automatisch ein und aus. Von der fest montierten Konsole bis hin zu aufwendigen Klappmechanismen, die vollständig im Unterboden des Fahrzeugs verschwinden, ist alles auf dem Markt verfügbar. Auch

Bild links: Die wohl einfachste und durstlöschendste Lösung für eine Trittstufe. Wohlsein!

In unseren Augen ein Muss für jeden Vanlifer: die Außendusche

Plastikhocker sieht man häufig vor den Campern stehen. Die günstigste und unserer Meinung nach sinnvollste Variante ist aber, eine Holzplatte so zu modifizieren, dass sie als Deckel auf eine Bierkiste passt. Das ist ideal für Bierfreunde, aber auch andere Getränkekisten eignen sich hervorragend. Eine alte Weinkiste lässt sich ebenso modifizieren, und dient als zusätzlicher Stauraum, in dem ihr Kabel, Heringe oder die Markise unterbringen könnt.

AUSSENDUSCHE

Egal, ob ihr im Van eine Dusche habt oder nicht, außerhalb des Fahrzeugs eine Möglichkeit zu haben, etwas oder sich selbst mit Wasser abzuspritzen, ist immer eine gute Idee. Damit könnt ihr mal eben den Hund vom gröbsten Dreck befreien, die Wanderstiefel sauber machen oder euch das Meersalz von der Haut waschen, ohne den Fahrzeuginnenraum zu verunreinigen.

ZUSATZBELEUCHTUNG

Was ist besser als Licht? Richtig, mehr Licht! Wenn man sich mit anderen über das Thema Zusatzbeleuchtung unterhält, dann ist die Chance sehr hoch, dass man nach dem Gespräch verwirrter ist als zuvor, denn es gibt viele Regeln und Vorgaben, wie und unter welchen Umständen man welches Licht an das Fahrzeug bauen und betreiben darf.

Wir wollen hier versuchen, eine verständliche Übersicht zusammenzustellen, empfehlen aber auch an dieser Stelle: Sprecht im Zweifel schon vorab mit dem TÜV-Prüfer vor Ort, bevor ihr wie wild Löcher für die Kabel bohrt und Lampen an euer Fahrzeug schraubt.

Im Wesentlichen unterscheidet man bei Zusatzleuchten zwischen Fernlicht, Tagfahrlicht, Nebellicht und Arbeitslicht. Während das Fernlicht für die Benutzung im Straßenverkehr gedacht ist und dementsprechend strengen Regeln unterliegt, ist das Arbeitslicht ausschließlich für den Gebrauch »abseits des Geltungsbereiches der Straßenverkehrsordnung« zugelassen. Sagen wir dazu einfach »Offroad«.

Durch neueste Technik können Zusatzscheinwerfer ein Hingucker sein.

Alle Scheinwerfer, die zusätzlich am Fahrzeug angebracht werden, müssen geprüft und zugelassen sein. Die ECE-Kennzeichnung, auch E-Prüfzeichen genannt, findet ihr an den Scheinwerfern selbst. Scheinwerfer mit dieser Kennung müssen übrigens nicht eingetragen werden. Bei Scheinwerfern ohne diese Kennung müsst ihr beim TÜV eine Einzelabnahme machen lassen.

Die Regeln, die wir hier erwähnen, gelten für Deutschland. Andere Länder haben unter Umständen abweichende Regelungen. Auf Tagfahrlichter gehen wir in diesem Buch nicht ein.

ARBEITSSCHEINWERFER

Arbeitsscheinwerfer sind, wie der Name schon sagt, zum Arbeiten da. Das bedeutet, dass ein Prüfer die grundsätzliche Notwendigkeit einer solchen Beleuchtung infrage stellen kann. Das wird mit einer fetten LED-Bar bei einem Offroad-Camper sicher leichter zu verargumentieren sein.

Ebenfalls zu den Arbeitsscheinwerfern zählen eine Umfeldbeleuchtung sowie Rückfahrscheinwerfer, die beispielsweise am Dachträger angebracht sind. Denn laut Straßenverkehrs-Zulassungs-Ordnung (StVZO) müssen Rückfahrscheinwerfer mindestens 25 Zentimeter und maximal 1,2 Meter über der Fahrbahn angebracht sein, und sie dürfen nur leuchten, wenn bei eingeschalteter Zündung der Rückwärtsgang eingelegt ist.

Arbeitsscheinwerfer dürfen, wie schon gesagt, nicht während der Fahrt auf öffentlichen Straßen in Betrieb genommen werden und müssen über einen separaten Schalter verfügen. Um ganz auf Nummer sicher zu gehen, wären diese Schalter sogar so anzubringen, dass sie nicht »aus Versehen« während der Fahrt bedient werden können. Auch wichtig: Selbst wenn ihr abseits der öffentlichen Straßen die Arbeitsleuchten in Betrieb nehmt, seid ihr dafür verantwortlich, dass niemand geblendet wird.

Bild links: LED-Arbeitsscheinwerfer in Nahaufnahme

FERNLICHTSCHEINWERFER

Um zusätzliche Scheinwerfer als Fernlicht im Straßenverkehr benutzen zu dürfen, müssen einige Vorgaben erfüllt sein.

- Die Scheinwerfer müssen über eine entsprechende Zulassung als Fernlicht verfügen.
- Die Scheinwerfer müssen weißes Licht abstrahlen.
- Es dürfen nicht mehr als vier Fernscheinwerfer gleichzeitig leuchten. (Bei Lkw über 12 Tonnen sind sechs Scheinwerfer möglich.)
- Die Scheinwerfer müssen paarweise angebracht werden.
- Die Scheinwerfer müssen symmetrisch und auf gleicher Höhe angebracht werden.
- Die Scheinwerfer müssen paarweise oder alle gleichzeitig einschaltbar sein.
- Beim Abblenden müssen alle Fernscheinwerfer gleichzeitig ausgehen.
- Wenn die Scheinwerfer an sind, müssen die Heckleuchten und die Kennzeichenbeleuchtung auch an sein.
- Wenn das Fernlicht eingeschaltet ist, muss im Innenraum eine blaue Kontrolllampe brennen.
- Die maximale Lichtleistung aller sich in Betrieb befindenden Lichter darf den maximalen Index-Wert von 100 nicht überschreiten. (Referenzzahl ist auf dem Glas zu finden.)
- Die Scheinwerfer dürfen den Fahrer selbst nicht blenden.

Das ist die vereinfachte Formulierung. Die genauen Vorgaben findet ihr in der Straßenverkehrs-Zulassungs-Ordnung (StVZO) in § 49a über Lichttechnische Einrichtungen und allgemeine Grundsätze.

Ergänzend noch ein paar Infos zur Referenzzahl und zu LED-Bars als Fernlicht. Die Referenzzahl findet ihr auf den Scheinwerfern, meist in der Nähe des E-Prüfzeichens. Je höher diese Zahl ist, desto fokussierter und weiter leuchtet der Scheinwerfer. Dementsprechend größer ist auch die Gefahr, Menschen in entgegenkommenden Fahrzeugen zu blenden. Die Referenzen werden einfach addiert und dürfen, wie beschrieben, den maximalen Wert von 100 nicht übersteigen. Ein aktueller, serienmäßiger LED-Scheinwerfer hat beispielsweise eine Referenzzahl von 17,5. Im Paar kommen wir also auf 35 und hätten somit noch einen »Puffer« von 65 insgesamt bzw. 32,5 pro Zusatzscheinwerfer.

Bei den beliebten LED-Bars gibt es aktuell nur wenige, die eine Zulassung als Fernscheinwerfer haben. Dabei gilt es dann auch darauf zu achten, dass diese eine Sonderzulassung aufweisen, damit sie durch ihre Bauart bedingt auch einzeln, aber zentriert angebaut werden dürfen. Diese LED-Bars haben dann zwei Prüfzeichen auf der Scheibe.

Noch ein wichtiger Hinweis: Fernscheinwerfer, die am Fahrzeug angebracht sind, müssen auch funktionieren und jederzeit von innen schaltbar sein.

NEBELSCHEINWERFER

Nebelscheinwerfer können weißes oder hellgelbes Licht abgeben. Maximal zwei davon dürfen in Betrieb genommen werden, und sie müssen einen Mindestabstand vom Boden von 25 Zentimetern haben. Die maximale Anbauhöhe liegt bei Fahrzeugen bis 3,5 Tonnen bei 80 Zentimetern, bei Fahrzeugen über 3,5 Tonnen bei 120 Zentimetern und bei Gelände-Lkw sogar bei 150 Zentimetern. Allerdings dürfen die Nebelscheinwerfer nie oberhalb der Abblendleuchten liegen. Außerdem soll der äußere Rand der Nebelscheinwerfer nicht mehr als 40 Zentimeter von der breitesten Stelle des Fahrzeugs entfernt sein. Wenn das doch der Fall sein sollte, dürfen die Nebelscheinwerfer nur gemeinsam mit eingeschaltetem Abblendlicht schaltbar sein. Ansonsten kann die Schaltung unabhängig von Fern- und Abblendlicht erfolgen.

Zusätzlich gehört auch hier eine Kontrollleuchte in den Innenraum und der Gesetzestext lässt sich auch darüber aus, dass diese Kontrollleuchte nicht blinken darf. Und noch was zum Thema Nebelscheinwerfer: Diese dürfen nicht als Tagfahrlicht benutzt werden, sondern nur bei Sichtbehinderungen wie Schnee, Regen oder auch Staub.

Alles zum Thema Beleuchtung am Fahrzeug lest ihr in der Straßenverkehrs-Zulassungs-Ordnung (StVZO) von § 49 bis § 53.

ABWASSERVENTIL

Auch etwas, das euch das Leben leichter machen kann, ist ein leicht zu bedienendes Abwasser-Ablassventil. Abwassertanks auszubauen und irgendwo hinzutragen, ist meist keine beliebte Aufgabe und bringt nicht selten eine größere Putzaktion mit sich. Deshalb werdet ihr es sehr schnell zu schätzen wissen, wenn ihr das Abwasser (Grauwasser) mit nur einem Handgriff oder vielleicht sogar ferngesteuert per Schalter oder App über einem dafür vorgesehenen Abfluss entleeren könnt.

DREHKONSOLE

Als Drehkonsole bezeichnet man ein Bauteil, das unter einem Sitz oder einer Sitzbank montiert wird, um diese im geparkten Zustand (wer hätte es gedacht?) drehen zu können. Gerade bei kleineren Fahrzeugen gewinnt der Grundriss durch den zusätzlich nutzbaren Raum enorm an Platz und Möglichkeiten. Aber auch größere Fahrzeuge profitieren vom Einsatz von Drehkonsolen, vor allem, wenn der Bedarf an Sitzplätzen hoch ist.

Drehsitze erweitern den Wohnraum ungemein.

Multifunktional und praktisch für den kleinen Van ist eine Schlaf-Sitz-Kombination.

Drehkonsolen gibt es für viele Fahrzeuge, allerdings solltet ihr darauf achten, dass diese auch zumindest ein TÜV-Gutachten haben. Damit könnt ihr die Drehkonsole dann eintragen lassen. **Es gibt auch Drehkonsolen mit einer allgemeinen Betriebserlaubnis (ABE), diese müssen lediglich gemäß Anleitung eingebaut und können ohne Eintragung verwendet werden.** Drehkonsolen ohne Gutachten müssen per Einzelabnahme vom TÜV geprüft und eingetragen werden.

SCHLAFSITZBANK

Um einen Innenraum möglichst flexibel zu gestalten, kann eine Schlafsitzbank eine gute Lösung sein. Ob zum Umklappen oder Ausziehen, so verwandelt ihr meist mit wenigen Handgriffen eine Sitz- in eine Schlafgelegenheit. Bei Schlafsitzbänken, die als eingetragene Sitze zur Personenbeförderung vorgesehen sind, gilt es darauf zu achten, dass diese auch eine entsprechende Freigabe haben, nach Vorgabe eingebaut werden und in den Papieren eingetragen sind.

STAURAUM-MANAGEMENT

Man möchte es vielleicht nicht glauben, aber besonders auf kleinem Raum muss alles seinen Platz haben, sonst bricht innerhalb kürzester Zeit das absolute Chaos aus. Dabei hilft es schon enorm, den vorhandenen Stauraum zu strukturieren. Kleine Kisten, Taschen oder Haken können einen großen Unterschied bewirken.

Gepäcknetze sind sehr praktisch, um Stauraum auch an Stellen zu ermöglichen, die sonst ungenutzt sind, beispielsweise an den Unterseiten von Hängeschränken oder an der Decke.

Airlineschienen, eigentlich für die Ladungssicherung entwickelt, sind eine sehr universelle Befestigungslösung. Der Zubehörhandel bietet vielfältige Beschläge und Fittings, um Dinge daran zu befestigen, zum Beispiel Haken, Ösen oder Halterungen.

Taschen gibt es am Markt auch für jeden Geschmack. Von groß bis klein, mit Druckknöpfen oder Klett, für Fensterrahmen oder die Rückseite der Sitze.

Was sich ebenfalls gut eignet, um den Stauraum zu organisieren, sind Magnete. In allen möglichen Stärken und Größen und mit Gewinde versehen bieten sie eine sehr praktische Möglichkeit, um kreativ zu werden.

Bild rechts: Platz ist in der kleinsten Hütte!

Funktionalität muss nicht hässlich sein. Mittlerweile sind Dämmmatten ein optisches Highlight für den Van.

THERMOMATTEN

Nichts, was zwingend zum Ausbau gehört, aber eine sehr gute ergänzende Anschaffung sind Thermomatten für die Fenster. Sie dienen zum einen dazu, die Fenster zu verdunkeln, zum anderen fungieren sie aber auch als Dämmung. So bleibt im Winter die Wärme besser im Fahrzeug und im Sommer die Hitze draußen. Dabei gibt es unterschiedliche Varianten zu kaufen. Die einen setzen zur Befestigung auf Saugnäpfe, andere auf Magnete. Viele haben eine reflektierende Oberfläche auf der Außenseite, andere setzen mit dunklen Stoffen mehr auf eine unauffällige Optik. Mit etwas handwerklichem Geschick kann man sich auch selbst daran versuchen, eigene Thermomatten zu nähen. Jeder so, wie er kann und mag, und je nach Vorliebe, Geschmack und Budget.

WLAN

Eigentlich geht es beim Campen ja darum, draußen in der Natur unterwegs zu sein. Viele wollen oder können trotzdem nicht auf einen guten Internetanschluss verzichten. Sei es, um im Fahrzeug zu arbeiten oder an einem regnerischen Tag eine Serie zu streamen.

Um das ganze Thema »Internet im Van« aufzuarbeiten, könnten wir vermutlich ein eigenes Buch schreiben. Wichtig für unseren Schwerpunkt ist eigentlich nur das Einbauen der technischen Voraussetzungen. Dazu sei gesagt, dass für den gelegentlichen Gebrauch der normale Empfang über das Smartphone reicht. **Mobilfunk-Router sind eine einfache Ergänzung, um mehrere Geräte mit derselben SIM-Karte ins Netz zu bringen. Erst wenn es wirklich darum geht, das absolute Maximum an Empfang herauszukitzeln, lohnt es sich, über eine externe, fest verbaute Antenne nachzudenken.** Diese sitzen meistens am Dach des Fahrzeugs und müssen mit einem kompatiblen Router verbunden werden. Neben den fest verbauten gibt es auch Antennen, die man bei Bedarf mittels Saugnapf am Fahrzeug anbringen kann.

SMART HOME

Den Van vollständig zu »vernetzen«, ist in unseren Augen nicht wirklich nötig. Aber wer Spaß daran hat, kann sich selbstverständlich auch auf diesem Gebiet austoben. Für die vernetzte Heimautomation muss eine entsprechende Umgebung geschaffen werden, in der die Geräte miteinander kommunizieren können. Dann lässt sich im Prinzip fast alles digital steuern. Lichter, Schaltkreise, Sensoren – das volle Programm. Auch hier gehen wir nicht weiter ins Detail.

BATTERIEÜBERWACHUNG

Zusätzlich zu unseren Ausführungen im Elektrik-Kapitel wollen wir hier noch eine Empfehlung für eine Überwachung der Starterbatterie aussprechen. Je nach System, das ihr verwendet, könnt ihr diese Überwachung unter Umständen direkt integrieren. In der einfachsten Form tut es aber auch ein Stecker für den Zigarettenanzünder mit integriertem Voltmeter.

III;A
0451
1896
SICH:BIS
D.ZUGES
D.ZUGES

-13- Wohnmobilzulassung

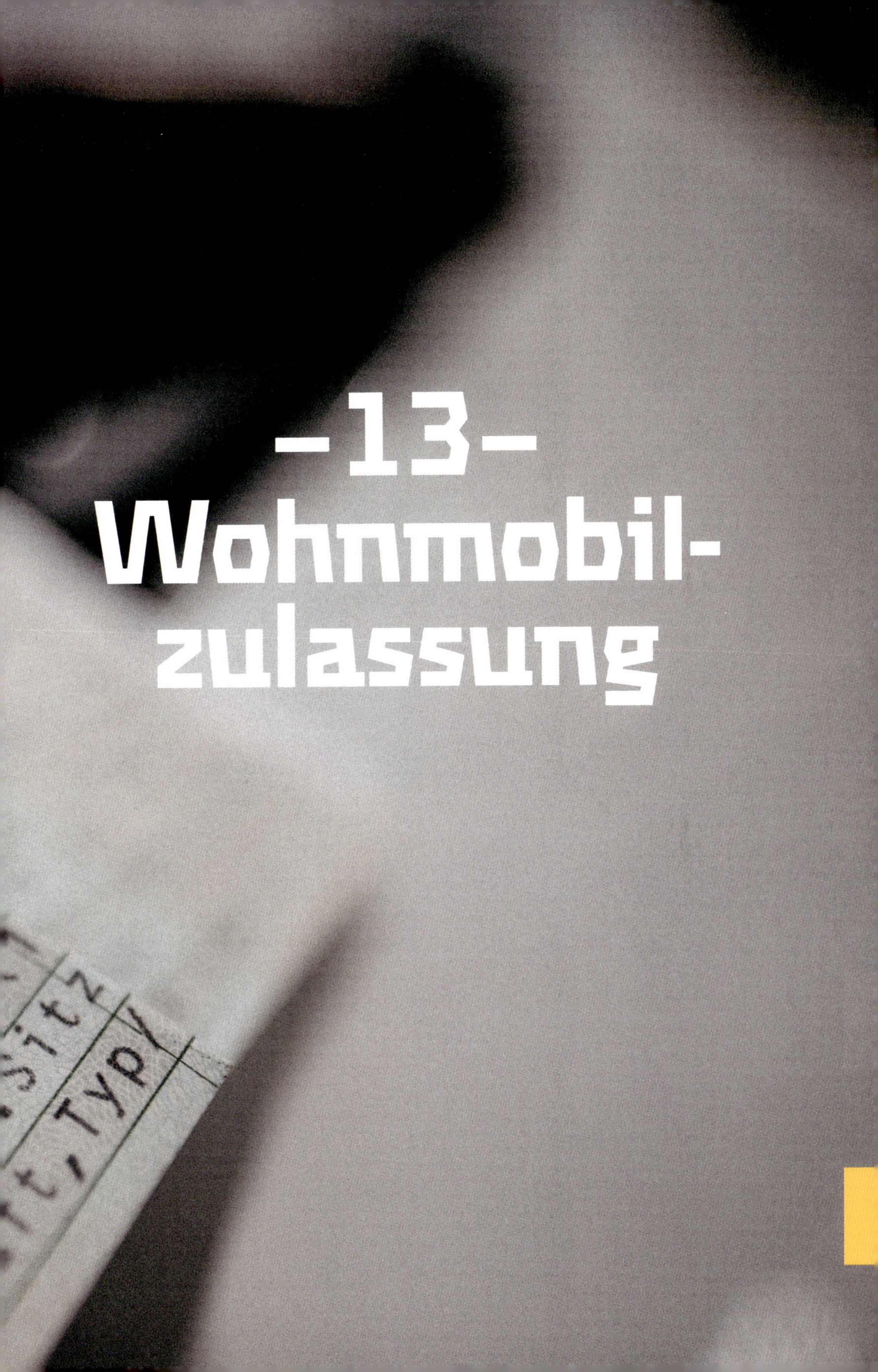

Jetzt wird's ernst!

Wir hoffen, dass ihr nicht alle Kapitel übersprungen habt, in der Hoffnung, das hier sei das Wichtigste des ganzen Buches. Zugegeben: Mit der Wohnmobilzulassung steht und fällt das ganze Projekt. Daher haben wir ganz am Anfang des Buches schon erwähnt, dass es ratsam ist, sich früh mit der Zulassung als Wohnmobil zu beschäftigen und noch vor dem Ausbau den TÜV-Prüfer des Vertrauens zurate zu ziehen. Das hat den Vorteil, dass er euch genau sagen kann, was er als Voraussetzung für die Umschreibung zum Wohnmobil braucht. Es gibt da so einige Paragrafen und Richtlinien, die es zu beachten gilt, und einige davon sind reine Auslegungssache.

In den letzten Jahren haben wir von unterschiedlichen Selbstausbauern gehört, wie schwierig oder leicht es war, eine Wohnmobilzulassung zu bekommen. Denn obwohl die Richtlinien ja eigentlich für alle gleich sind, unterscheidet sich deren Auslegung offensichtlich doch stark von Ort zu Ort, von Land zu Land und von Prüfstation zu Prüfstation. Wir wollen versuchen, einen Einblick in die wichtigsten Punkte zu geben, und euch so viele Vorinformationen wie möglich an die Hand geben. Die erste entscheidende Frage lautet: Braucht man überhaupt eine Wohnmobilzulassung?

OHNE ZULASSUNG FÄHRT MAN SCHWARZ

Ja, das ist tatsächlich so. In dem Moment, in dem ihr euren Kastenwagen als Wohnmobil nutzt und diese Nutzungsart nicht in den Papieren steht oder von einer Behörde abgenommen wurde, seid ihr ohne gültige Zulassung unterwegs. Die Nutzungsart, auch Klassifizierung genannt, heißt in dem Fall Pkw, Lkw und Wohnmobil. **Gesetzlich gelten Wohnmobile als Unterklasse von Pkw. Ist euer Kastenwagen bereits als solcher zugelassen, gilt ein Ausbau als Ladung, die entsprechend § 22 StVO gesichert werden muss.** Für die Zulassung hat die nicht erfolgte Umschreibung zum Sonderfahrzeug keine Auswirkungen.

Ist euer Kastenwagen als Nutzfahrzeug (Lkw) zugelassen (so ist es in den meisten Fällen), und ihr nutzt es als Wohnmobil, werden die Anforderungen an die Transporteigenschaften eines Lkw nicht mehr erfüllt und somit erlischt die Betriebserlaubnis. Also heißt das für euch im Klartext: Ihr müsst das Wohnmobil als solches zulassen oder es zum Pkw ummelden und euch an das Gesetz der Ladungssicherung halten.

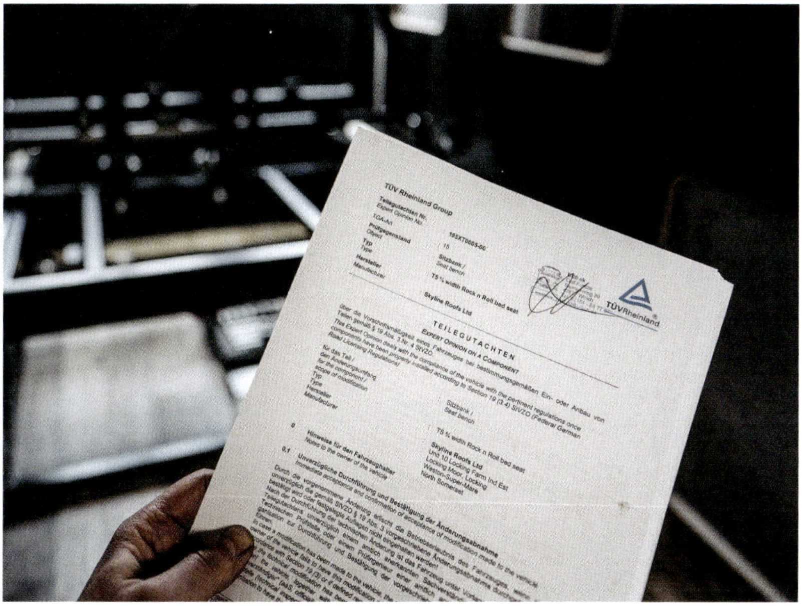

Ein wichtiges Dokument für die Zulassung: Teilegutachten für diverse Einbauelemente

HAT EINE WOHNMOBILZULASSUNG VORTEILE?

Meistens! Nicht nur, dass ihr eine dem Nutzen entsprechende Zulassungsart habt und somit gesetzlich korrekt unterwegs seid, ihr spart auch Geld. Allerdings nicht bei der jährlichen Kfz-Steuer, denn da ist ein Lkw tatsächlich etwas günstiger. Bei der Versicherung werdet ihr aber in den meisten Fällen einiges sparen können. Wenn man genauer darüber nachdenkt, ist es auch logisch: Viele Kastenwagen sind für Zulieferfirmen, Baufirmen und Transportunternehmen unterwegs, fahren viele Kilometer und werden täglich von unterschiedlichen Fahrern gefahren. Dabei kann natürlich viel mehr passieren als mit einem Wohnmobil, welches möglicherweise nur zweimal im Jahr für drei Wochen auf der Straße fährt. Somit sind Versicherungen für Wohnmobile meist wesentlich günstiger. Aber auch hier lohnt sich natürlich ein ordentlicher Preisvergleich zwischen den unzähligen Angeboten.

DER PARAGRAFENDSCHUNGEL MACHT ES NICHT NUR AUSBAUERN SCHWER!

Um auf das Thema Wohnmobilzulassung näher einzugehen, müssen wir zunächst einen Blick hinter die Kulissen werfen, denn es ist noch nicht einmal für TÜV und DEKRA einfach, einheitliche Regeln für die Wohnmobilzulassung zusammenzustellen. Wir beziehen uns in diesem Kapitel deshalb auf das sogenannte VdTÜV-Merkblatt 740 von 2019.

»Das Merkblatt hat das Ziel, Anforderungen und Hinweise für die Begutachtung von Fahrzeugen zusammenzustellen, die als ›Sonstiges Kraftfahrzeug Wohnmobil‹ bzw. als ›Wohnmobil in der jeweiligen EG-Fahrzeugklasse‹ bezeichnet werden sollen, um damit einheitliche Beurteilungskriterien zu schaffen. (...) Grundlagen sind die anerkannten Regeln der Technik, die Straßenverkehr-Zulassungs-Ordnung (StVZO), die EG / EU-Vorschriften und die UN-Regelungen in der jeweils gültigen Fassung.«

Das heißt im Klartext, man hat ein Merkblatt geschaffen, das versucht, den Paragrafendschungel zu lichten und die Beurteilung und Überprüfung für die Wohnmobilabnahme für TÜV-, GTÜ- und DEKRA-Prüfstellen zu vereinfachen und zu vereinheitlichen.

Wir werden nun die für euch wichtigsten Aspekte zusammenfassen und verständlich in eine Übersicht bringen. Aber Achtung, diese Angaben sind rechtlich nicht bindend und werden regelmäßig von TÜV Nord, Süd und Rheinland überarbeitet. Wir betrachten das Ganze nur als Leitfaden. Die aktuellen erforderlichen Maßnahmen für eure Wohnmobilzulassung könnt ihr bei eurer Prüfstation erfragen.

Die wichtigsten Abnahmekriterien

WANN IST EIN WOHNMOBIL EIN WOHNMOBIL?

Diese Frage beantwortet das TÜV-Merkblatt wie folgt: »Wohnmobile sind Kraftfahrzeuge der Klasse M (Personenbeförderung) mit Platz für die Unterbringung von Personen, die mindestens die folgende zusätzliche Ausrüstung umfassen:

a. Tisch und Sitzgelegenheiten,
b. Schlafgelegenheiten, die u. U. als Sitze dienen können,
c. Kochmöglichkeit,
d. Einrichtungen zur Unterbringung von Gepäck und sonstigen Gegenständen.

Diese Ausrüstungsgegenstände sind im Wohnbereich fest anzubringen. Allerdings kann der Tisch leicht entfernbar sein. Ein ›Wohnteil‹ dient zu Wohnzwecken. Ist im Wohnteil ein Sitzplatz für Fahrten auf öffentlichen Straßen angeordnet, sind alle Forderungen, wie z. B. Gurte, Gurtverankerung, Türen, Verständigungsmöglichkeit, diesbezüglich zu erfüllen.«

Wichtig dabei ist, dass alle genannten Punkte vorhanden sind, damit euer Van alle Richtlinien eines Wohnmobils erfüllt.

TISCH UND SITZGELEGENHEITEN

Laut TÜV muss ein Wohnmobil einen Tisch und Sitzgelegenheiten aufweisen. Egal ist es dabei, ob es die Sitze im Frontbereich sind oder sich eine Sitzgelegenheit im Wohnbereich des Vans befindet. Beim Tisch sind auch verstaubare Möglichkeiten kein Problem.

Um Sitze aus dem Fahrerhaus in den Wohnraum zu integrieren, eignen sich Drehsitzkonsolen. Hierbei wird eine Konsole unter den Sitz gebaut, die den Sitz drehbar macht. Solche Drehkonsolen müssen vom TÜV abgenommen werden:

»Für nachgerüstete Sitzkonsolen (auch Drehkonsolen) müssen grundsätzlich Genehmigungen / Prüfberichte gemäß UN-Regelung Nr. 17 vorliegen. Bei in den Sitzen oder den Konsolen integrierten Gurtverankerungspunkten muss ein Nachweis gem. UN-Regelung Nr. 14 vorgelegt werden. Vom Verwendungsbereich der geprüften Konsolen darf in folgenden Fällen abgewichen werden:

- Verwendung der originalen Befestigungspunkte,
- Verwendung des Seriensitzes oder eines anderen Sitzes, für den eine Prüfung gem. UN-Regelung Nr. 17 (Festigkeit Sitz und Kopfstütze) vorliegt und der nicht schwerer als der Seriensitz ist,
- mindestens ein Gurtbefestigungspunkt ist und war am Sitz angeordnet.«

Wenn ihr im Wohnbereich Sitze verbauen wollt, die auch während der Fahrt genutzt werden sollen, ist eine besondere Abnahme erforderlich. **Auch das Nachrüsten von nicht vorhandenen Sitzbänken solltet ihr vorher immer mit dem Prüfer eures Vertrauens abklären. Achtung: Es geht um die Sicherheit der Fahrzeuginsassen, daher ist akribische Vorsicht geraten!** Wir empfehlen Nachrüst-Kits der Firma Schnierle. Hier bekommt ihr geprüfte Sitzmöglichkeiten inklusive Befestigungen. Allerdings dürft ihr diese nicht selbst einbauen. Keine Sorge, die Firma Schnierle hat einige Einbaupartner in Deutschland. Wer seine Sitzgelegenheiten selbst bauen möchte, kann auf sogenannte Gurtböcke zurückgreifen. Das sind Konsolen, die integrierte Gurte haben und mit der Fahrzeugkarosse verschraubt werden.

»Für vor 1992 zugelassene Wohnmobile (Erstzulassung des Basisfahrzeugs bis 31.12.1991) gelten folgende Anforderungen: Für alle Sitzplätze, die während der Fahrt besetzt werden dürfen, sind z. B.

- geeignete Haltemöglichkeiten,
- genehmigte Sicherheitsgurte an Verankerungspunkten mit ausreichender Festigkeit für Sitze, vor denen sich keine gepolsterten Abstützmöglichkeiten befinden,
- geeignete Abstützungen für quer zur Fahrtrichtung angeordnete Sitzplätze,
- Kopfstützen für Sitzplätze, die entgegen der Fahrtrichtung angeordnet sind, sofern es sich um vordere Sitze handelt oder durch einen direkt vor dem entgegen der Fahrtrichtung angeordneten anderen Sitz eine besondere Verletzungsgefahr für Fahrgäste besteht, anzubringen.

Für ab dem 1.1.1992 erstmals in den Verkehr kommende Wohnmobile (Erstzulassung des Basisfahrzeugs) gelten die Vorschriften des § 35 a StVZO in der entsprechenden Fassung UN-Regelung Nr. 16 und UN-Regelung Nr. 17:

Nachträglich eingebaute Sitzplätze müssen immer dem TÜV vorgeführt werden.

- geprüfte Verankerungspunkte und bauartgenehmigte Sicherheitsgurte für alle in Fahrtrichtung angeordneten Sitzplätze,
- bei allen weiteren Sitzplatzanordnungen gelten weiterhin die vorgenannten Anforderungen.

Für nachgerüstete Sitze ist daher u. a. ein Festigkeitsnachweis der Verankerungspunkte gemäß UN-Regelung Nr. 17 am betreffenden Fahrzeug für die konkret vorliegende Einbaulage erforderlich.«

SCHLAFGELEGENHEIT

Hierfür gibt es keine gesonderten oder festgelegten Vorschriften. Eine Schlafmöglichkeit kann daher unterschiedlich aussehen und muss nicht direkt als solche erkennbar sein. Ob als Festbett oder umgeklappte Sitzbank – selbst ein Dachzelt zählt dazu. Hier könnt ihr also kreativ sein.

FENSTER

Ein Thema, das von Prüfer zu Prüfer unterschiedlich behandelt wird, sind die Fenster. Dem einen reichen zwei Dachfenster, dem anderen ein Seitenfenster. Das Wichtigste ist, dass ihr für ausreichend Belüftung sorgen könnt:

»Eine Rundumverglasung ist nicht erforderlich. Im Wohnteil sind mindestens zwei Fenster vorzusehen. Deren Anordnung ist an verschiedenen Seiten, d. h. wahlweise seitlich und / oder hinten und / oder oben vorzusehen. Eine ausreichende Belüftung des Wohnteils ist sicherzustellen. Zu beachten sind die Forderungen der DIN EN 721.«

In dieser DIN-Norm sind die Mindestanforderungen an die Sicherheitslüftung von bewohnbaren Freizeitfahrzeugen festgelegt und alternative Verfahren zur Berechnung oder Prüfung der Sicherheitslüftung beschrieben. Zusammenfassend können wir zum Thema Fenster sagen: Sie sollten für den Fahrzeug- und Wohnmobilbereich zugelassen sein (meist befindet sich ein Aufkleber zwischen den Scheiben der Fenster und beinhaltet ein E-Prüf-

Nur Seitenfenster mit E-Prüfzeichen verbauen!

Immer wieder ein herausforderndes Thema ist die Wohnmobilküche.

zeichen), und die erlaubte Höchstgeschwindigkeit darf nicht überschritten werden. Achtet also vor dem Kauf genau darauf, ob die Fenster eurer Wahl der TÜV-Vorschrift entsprechen.

DIE KÜCHE

Würde man in einer Facebook-Gruppe die Frage nach der richtig verbauten Kochgelegenheit stellen, würde man nicht nur unterschiedliche Antworten bekommen, sondern wahrscheinlich auch eine riesige Diskussion lostreten. Denn nichts ist so uneindeutig wie das Verbauen der richtigen Kochstelle. Der TÜV sagt dazu:

»Die Kochmöglichkeit muss mit einem fest verbauten Kocher ausgerüstet sein, der für die Verwendung in geschlossenen Räumen geeignet ist; Gaskocher benötigen z. B. eine Zündsicherung. Der Kocher darf ausziehbar, klappbar oder ähnliches sein. Eine alleinige feste Verbindung zum Fahrzeug mittels Gasschlauch oder Elektroleitung ist unzulässig. Eine Eignung für den Betrieb in Innenräumen ist nicht erforderlich, falls der Kocher zwar fest im

Fahrzeug verbaut ist, aber zum Betrieb ausgezogen und nur außerhalb des Innenraums gekocht wird.«

Also ist es doch gar nicht so uneindeutig, wie man meinen mag. Die Kochstelle muss fest verbaut sein – auch auf einem Auszug, der nach draußen gezogen wird. Doch wie ist es mit Gaskartuschenkochern oder Spirituskochern? Muss man diese fest verbauen, auch wenn man zum Tauschen der Brennstoffe selbst an das Gerät heranmuss? Auch das ist eigentlich genau geregelt:

»Gaskartuschenkocher sind Gasgeräte und keine Gasanlagen im Sinne des DVGW. Voraussetzung für einen Betrieb im Innenraum von Wohnmobilen ist eine Zündsicherung. Die Gaskartusche von Kartuschenkochern muss im montierten Zustand des Kochers auswechselbar sein. Dies gilt auch für Spirituskocher hinsichtlich deren Befüllbarkeit.«

Fest verbaut bedeutet übrigens, dass man zum Ausbauen Werkzeug braucht. Flügelmuttern und Rändelschrauben erfüllen diese Vorgabe nicht. Auch hier finden wir, dass die Richtlinie eigentlich recht eindeutig ist. Jede Kochstelle, egal wie, muss fest im oder am Fahrzeug verbaut sein. Für alle, die auf Strom kochen, also Kochplatten, Ceran- oder Induktionsfelder benutzen, wollen manche Prüfer einen abgesicherten Landstromanschluss sehen. Doch dazu gleich mehr.

FLÜSSIGGASANLAGEN

»Flüssiggasanlagen in Wohnmobilen müssen der DIN EN 1949 ›Festlegungen für die Installation von Flüssiggasanlagen in bewohnbaren Freizeitfahrzeugen und zu Wohnzwecken in anderen Fahrzeugen‹ in der jeweils geltenden Fassung entsprechen. Dies gilt sowohl für Fahrzeuge, die erstmals in Verkehr kommen sollen, als auch für bereits erstmals in Verkehr gekommene Fahrzeuge, die nachträglich mit einer Flüssiggasanlage für Wohnzwecke ausgerüstet werden.«

Nach genauer Recherche sind wir auf das DVGW-Arbeitsblatt G 607 gestoßen, das im Großen und Ganzen alles über den Einbau, die Wartung und die Abnahme der Gasanlage in Wohnmobilen sagt. Schnell wird uns dabei bewusst, dass dieser Einbau nur von fachkundigem Personal vorgenommen werden sollte. Eine Gasprüfung von Undichtigkeiten sollte vor Inbetriebnahme gemacht werden.

Aufgrund dieser vielen kleinen Stolpersteine haben wir uns entschieden, das Thema »Bau einer Gasanlage« in diesem Buch wegzulassen. Erkundigt euch vorher beim TÜV oder überlasst die ganze Sache lieber einem Fachmann. Eure Sicherheit und die eurer Mitfahrer steht hier an allererster Stelle. Ihr wollt ja mit dem Van nach Portugal reisen und nicht zum Mond fliegen.

ELEKTRISCHE ANLAGE

Ja, ihr habt richtig gelesen: Natürlich ist auch der Verbau der elektrischen Anlage wichtig bei einer Wohnmobilzulassung. Von Kabelquerschnitten bis Sicherungskästen – alles ist irgendwie geregelt und muss einer gewissen Norm entsprechen.

»Zur Vermeidung von Bränden durch Kurzschlüsse und Überlastungen müssen die elektrischen Anlagen den VDE-Vorschriften entsprechen. Die aktuelle DIN VDE 0100-721, ›Elektrische Anlagen in Caravans und Motorcaravans‹, gibt die Anforderungen vor. Die Norm umfasst Vorgaben zur Stromversorgung, der Auslegung und Verlegung von Kabeln, dem Schutz vor elektrischem Schlag, dem Überstromschutz usw.«

Hinweis: Die Minimalausrüstung sollte bei einer 230-Volt-Außenversorgung mindestens folgende Bauteile umfassen: CEE-Eingangssteckdose, FI-Schutzschalter, Absicherung der 12-Volt-Stromkreise sowie ein Trennrelais zu Bordbatterie und anderen 12-Volt-Verbrauchern. **Worauf die Prüfer auf jeden Fall Wert legen, ist das Prüfen eurer 230-Volt-Anlage durch einen Fachbetrieb. Dieser gibt euch eine Bescheinigung über den richtigen Verbau und die Funktionsweise der Sicherungen und FI-Schalter.** Dass ein Prüfer nach einem Trennrelais, Ladebooster oder Ähnlichem schaut, ist eher unwahrscheinlich. Doch in eurem eigenen Interesse solltet ihr elektrische Komponenten mit akribischer Genauigkeit verbauen und deren Funktionsweise garantieren.

Der komplexe Aufbau der Standheizung bedarf hoher Sicherheitsanforderungen.

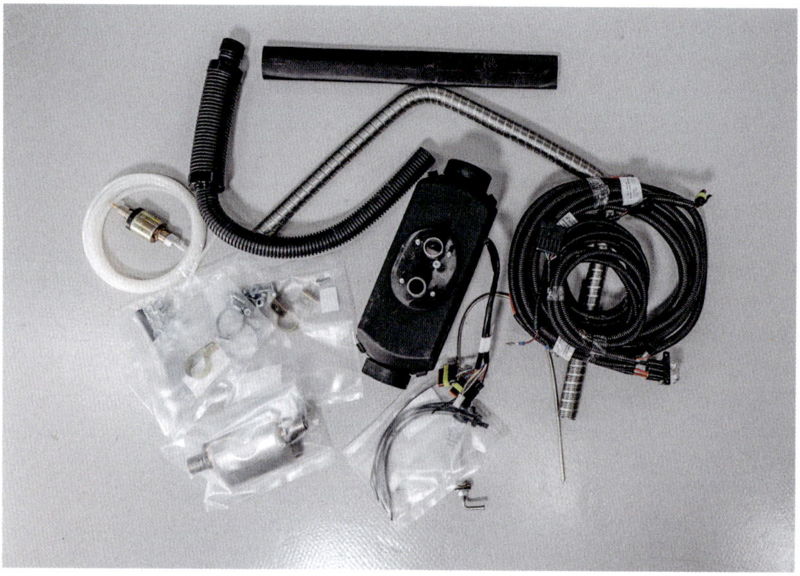

STAND- UND ZUSATZHEIZUNGEN

Ein Thema, das uns immer wieder begegnet, sind Stand- und Zusatzheizungen. Viele Selbstausbauer sind bei diesem Thema unsicher. Muss eine Standheizung abgenommen werden? So viel sei gesagt: Sie muss auf jeden Fall ein E-Prüfzeichen haben. Denn nur dieses Zeichen berechtigt euch zum Einbau der Heizung in ein Kraftfahrzeug. Der TÜV schreibt dazu:

»Bei zusätzlich eingebauten Heizungen, die nach § 22 a StVZO bzw. UN-Regelung Nr. 122 genehmigungspflichtig sind und mit Prüfzeichen versehen sein müssen, ist der vorschriftsmäßige Einbau entsprechend jeweiliger Einbauanweisungen und TA Nr. 27 zu überprüfen. Bei Heizungen, die mit Flüssiggas betrieben werden, ist darüber hinaus die Vorlage einer Sachkundigen-Prüfbescheinigung (Gasabnahme) erforderlich«.

Irgendwie doch auch logisch, oder? Vor allem bei Heizungen sollte man auf die Qualität des Produktes und dessen ordnungsgemäßen Einbau achten. Denn diese arbeiten mit einem Verbrennungsvorgang, bei dem Abgase entstehen. Nicht selten haben wir sogar eingetragene Standheizungen inklusive Prüfbescheinigung im Fahrzeugschein gesehen. Der TÜV-Prüfer wird aber spätestens bei der Hauptuntersuchung den korrekten Einbau eurer Standheizung prüfen.

GEWICHT

»Die Masse des Fahrzeugs im fahrbereiten Zustand (Leergewicht) ist entsprechend Punkt 4a, Artikel 2 der Verordnung (EU) 1230/2012 zu bestimmen. Zum Leergewicht gehören demnach alle fest eingebauten Ausstattungs- und Einrichtungsteile. Für den in das Leergewicht anzurechnenden Fahrer sind pauschal 75 kg anzusetzen. Dabei sind Frischwasser- und Flüssiggastanks mit 100 Prozent Inhalt zu berücksichtigen. Die Kapazität der Abwassertanks bleibt unberücksichtigt. Zusätzliche fest eingebaute Kraftstoffbehälter sowie auch Treibgastanks, die für den Betrieb der Antriebsmaschine erforderlich sind, sind mit 90 Prozent des zulässigen Inhalts zu berücksichtigen. Als Mindestzuladung wird für alle Sitzplätze, die während der Fahrt besetzt werden dürfen, jeweils mit mindestens 75 kg gerechnet.«

Wenn die Prüfstelle das Fahrzeug nicht selbst wiegen kann, verlangt sie einen sogenannten Wiegeschein. Diesen bekommt ihr, wenn ihr euer Fahrzeug auf einer geeichten Waage wiegen lasst. (Bauhöfe, Schrottplätze oder Mülldeponien haben in der Regel geeichte Waagen für Lkw.) **Am besten sind Kraftstoff- und Frischwassertank dabei befüllt, sprich, euer Van ist reisefertig. Das ermittelte Gewicht ist dann euer neues Leergewicht, das in den Fahrzeugschein eingetragen wird.** Nachvollziehbar, denn durch die veränderte Nutzung des Fahrzeugs ändert sich auch dessen ursprüngliche Gewichtsangabe. Das Weglassen oder Hinzufügen von Sitzen muss in den neuen Fahrzeugschein ebenfalls übernommen werden.

FLUCHTWEGE

Die Notwendigkeit, im Notfall aus seinem Van herauszukommen, ist nicht zu unterschätzen und wird deshalb auch vom Prüfer gecheckt.

»Von allen Sitzen im Wohnmobil müssen Fluchtmöglichkeiten über zwei voneinander unabhängige Fluchtwege vorhanden sein, die sich nicht auf derselben Fahrzeugseite befinden dürfen. Als Fluchtwege gelten Notausgänge (Türen) und Notausstiege (Fenster, Luken, Klappen). Notausgänge müssen sich nach außen öffnen lassen und eine lichte Öffnungsfläche von mindestens 0,65 m^2 haben, bei einer Mindestbreite von 0,5 m und einer Mindesthöhe von 1 m. **Notausgänge müssen sich von innen öffnen lassen, auch wenn sie von außen verschlossen wurden. Der Öffnungsmechanismus für Innentüren muss von beiden Seiten betätigt werden können.** Notausstiege müssen sich nach außen öffnen oder horizontal verschieben lassen und eine lichte Öffnungsfläche von mindestens 0,25 m^2 haben bei einer Mindestbreite und einer Mindesthöhe von jeweils 0,4 m. Vorgesehene Notausgänge und Notausstiege müssen als solche gekennzeichnet sein. Besonderer Beachtung bedürfen hier Kindersicherungen und Selbstverriegelungsmechanismen.«

Puh, das war einiges an Input, aber keine Angst, die meisten von euch bauen auf Basis eines Kastenwagens, der immer Hecktüren und seitliche Schiebetüren hat. Also ist in den zwei wichtigsten Richtungen ein Notausgang gegeben. Tipp: Achtet beim Ausbau darauf, dass ihr normal und schnell an die Öffnungsmechanismen eurer Türen kommt.

AUSBAUMATERIAL

Kurz und knapp, aber nicht unrelevant wird das Thema der richtigen Materialwahl behandelt. Das heißt: Mit welchen Materialien soll euer Ausbau aufwarten? Häufig werden Selbstausbauer wieder nach Hause geschickt, um den Innenausbau zu überarbeiten. Die Wahl des falschen Holzes oder dessen Behandlung sind meist das Problem. Auch das Hervorstehen von spitzen Ecken und Kanten kann schnell das vorläufige Aus für eine Wohnmobilzulassung sein.

»Für Außenteile des Aufbaus sind grundsätzlich Werkstoffe zu verwenden, die als schwer entflammbar und splittersicher anzusehen sind. Holzwerkstoffe sind gesondert sachverständig zu beurteilen.«

Achtet unbedingt auf den Sicherheitsaspekt in eurem Ausbau. Nicht immer sind billige Holzarten oder gebrauchte Alternativen das Beste für die Sicherheit eures Vans. Mehr dazu findet ihr im Kapitel »Möbelbau«.

AUFBAURICHTLINIE

Eine gute Hilfe, auf die sich auch der Prüfer bezieht, ist die sogenannte Aufbaurichtlinie. Was versteht man darunter? Der Fahrzeughersteller gibt vor, was, wo und wie etwas im jeweiligen Fahrzeug verbaut werden darf. Kippsicherheit, Gewichtsverteilung, Lenkbarkeit, Abmessungen, Zusatzverbraucher usw. sind darin aufgeführt, um bei Veränderungen für ein verkehrssicheres Fahrzeug zu sorgen. Diese Richtlinie findet ihr mittlerweile für jeden Van im Internet oder direkt beim Fahrzeughändler.

DER RICHTIGE UMGANG MIT DEM PRÜFER

Klingt komisch, ist aber nicht unerheblich: Auf die richtige Kommunikation bei der Wohnmobilabnahme kommt es an, denn wie ihr sind auch Prüfer der einzelnen Prüfstellen nur Menschen. Begegnet ihr diesen mit Freundlichkeit und Respekt, werden sie euch Gleiches auch zurückgeben. Kommunikation auf Augenhöhe und nette Worte sollten selbstverständlich sein. Habt ein sauberes und aufgeräumtes Mobil, seid pünktlich und habt ein offenes Ohr. Dann steht eurer Wohnmobilzulassung nichts im Weg.

Dieses Kapitel hat einen kurzen Leitfaden für eure Wohnmobilzulassung aufgezeigt. Für alle, die noch nicht genug haben von Gesetzestexten und genauen Richtlinien, haben wir die wichtigsten Vorgaben und Normen herausgesucht:

- **DIN EN 721:** Bewohnbare Freizeitfahrzeuge – Anforderungen an die Sicherheitsleistung
- **DIN EN 1949:** Festlegungen für die Installation von Flüssiggasanlagen in bewohnbaren Freizeitfahrzeugen und zu Wohnzwecken in anderen Fahrzeugen
- **DVGW G 607:** Flüssiggasanlagen in bewohnbaren Freizeitfahrzeugen und zu Wohnzwecken in anderen Straßenfahrzeugen – Betrieb und Prüfung
- **DIN VDE 0100-721:** Errichten von Niederspannungsanlagen

–14–
Hilfe von Außen

BOSCH

Ihr müsst nicht alles allein machen!

WER KANN MIR HELFEN?

Inzwischen habt ihr viel gelesen und vielleicht sogar mehr Fragezeichen im Kopf als zuvor. Unser Tipp: Lasst das erst mal sacken und schreibt alles auf, was euch so durch den Kopf schwirrt. Falls ihr das Gefühl habt, mit dem ganzen Projekt überfordert zu sein, dann habt keine Angst, denn man wächst mit seinen Aufgaben, und für viele Probleme gibt es auch einfache Lösungen.

HILFE VOM PROFI

Auch wenn es im ersten Moment vielleicht abschreckend wirkt, aber manche Dinge von Profis machen zu lassen, ist gar nicht so abwegig und oftmals auch nicht so teuer, wie ihr möglicherweise denkt. Beispiel Holzzuschnitt: Holz ist im Baumarkt meist deutlich teurer als im Holzhandel. Nun ist es als Privatperson schwierig, Zugang zum Holzhandel zu bekommen. Der Tischler oder Schreiner hingegen hat diesen Zugang, und wenn man gleich eine Tabelle mitbringt, in der die Größen der benötigten Bretter eingetragen sind, bekommt man hochwertige Zuschnitte von gutem Material. Die Kosten für die Arbeitszeit lassen sich zum Teil durch den günstigeren Materialpreis kompensieren, und bei einem Schreiner oder Tischler könnt ihr euch auch sicher sein, dass die angegebenen Maße wirklich stimmen. Im Baumarkt scheint das häufig Glückssache zu sein, zudem sind die Platten im Baumarkt meist nicht ganz so hochwertig und haben nicht selten Fehler in der Oberfläche.

Auch das Delegieren kompletter Ausbauteile kann durchaus sinnvoll sein. Die zahlreichen Ausbau-Manufakturen bieten zwar vorrangig komplette Fahrzeugumbauten an, einige übernehmen bei Bedarf aber auch gerne einzelne Arbeitsschritte. Wer sich beispielsweise nicht an den Einbau seiner Dachfenster oder einer Gasanlage herantraut, ist hier gut aufgehoben.

Bild links: Jonas hat als Profi nicht nur viel Know-how, sondern auch Zugriff auf modernste Maschinen.

Manu und Christian beim Standheizungsworkshop

MIETWERKSTÄTTEN

Egal, ob eine klassische Mietwerkstatt mit Hebebühne oder »Co-Schrauber-Spaces« – das kurzzeitige Einmieten in eine gut ausgestattete Werkstatt ist eine tolle Möglichkeit, um vor Ort professionellen Input in Anspruch zu nehmen und dadurch mit dem eigenen Ausbau ein gutes Stück voranzukommen. Denn oftmals bieten solche Werkstätten neben dem Platz auch das Werkzeug und das Know-how an, um knifflige Arbeitsschritte leichter bewerkstelligen zu können. Außerdem findet sich hier auch häufig eine helfende Hand von anderen Ausbauern.

WORKSHOPS

Eine sehr zielgerichtete und damit effektive Art der Unterstützung stellen Workshops dar. Ob reine Theorie zu bestimmten Themen oder vielleicht sogar beim direkten Einbau am eigenen Fahrzeug – hier können Arbeiten unter professioneller Anleitung selbst durchgeführt werden.

An dieser Stelle sei uns ein kleiner Werbeblock in eigener Sache gewährt: Mit der Busbastler Academy bieten wir unseren Teilnehmern in sehr unterschiedlichen Bereichen Hilfe zur Selbsthilfe. **Ob Kfz-Technik, Elektrik, der Einbau einer Standheizung, das Thema Rostbeseitigung, der Einbau von Fenstern bis hin zu Fahrsicherheitsevents – bei uns könnt ihr allerhand lernen, und zwar durchweg von Fachleuten auf ihren Gebieten.** Wir stehen euch mit unseren Dozenten und fachlicher Kompetenz zur Seite. Geselligkeit und Spaß sind bei jedem Busbastler-Workshop inklusive.

Das ist auch der Grundgedanke beim jährlichen Community-Treffen, dem Busbastler Basecamp. Hier treffen sich Menschen, die ihr Fahrzeug selbst zum Camper ausgebaut haben oder dies noch vorhaben. Es gibt viele Vorträge zu ausbaurelevanten Themen, eine kleine Area, in der sich unsere Partner präsentieren, und ein großes Lagerfeuer, an dem man sich austauschen und fachsimpeln kann. Ziel ist es, sich gegenseitig zu helfen und zu inspirieren.

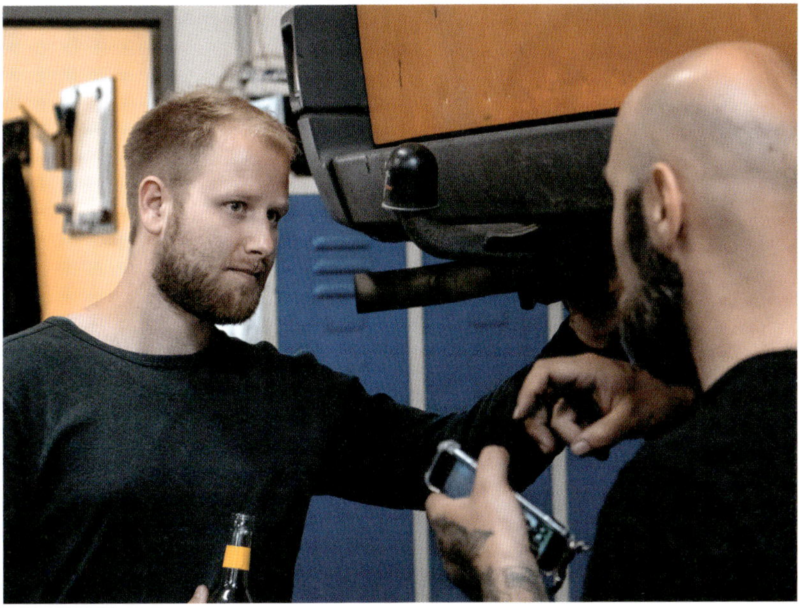

Nicht verzagen, Profi fragen!

SOCIAL MEDIA

YouTube ist ein beinah unerschöpflicher Quell an Informationen. DIY liegt mehr als im Trend, doch hier ist durchaus Vorsicht geboten: Vieles sieht einfacher aus, als es ist, und oftmals werden Arbeiten so umgesetzt, dass sie nicht sicher oder nicht zulässig sind. Eine kritische Herangehensweise ist also in jedem Fall empfehlenswert. Instagram und Pinterest können als Inspiration für die optische Gestaltung dienen, im echten Leben sind viele der abgebildeten Ausbauten aber weitaus weniger perfekt oder praktikabel.

Ein weiteres Medium, das wir für beachtenswert halten, sind Podcasts – weniger als konkrete Anleitung wie bei YouTube, dafür gibt es viele spannende Interviews, bei denen es viel zu lernen gibt. **Im Busbastler Podcast sprechen wir beispielsweise nicht nur mit Selbstausbauern, sondern des Öfteren auch mit Fachleuten aus großen Unternehmen, die noch einen ganz anderen Blick auf verschiedene Themen haben.** Gerade wenn es um Sicherheit, Freigaben oder Zulassungen geht, kann das für euren Ausbau durchaus interessant sein.

DER SCHRAUBER VON NEBENAN

Grundsätzlich können wir auch empfehlen, die Augen offen zu halten, was in den umliegenden Garagen und Höfen so passiert, vor allem am Wochenende. Über ein lockeres Gespräch kommt man schnell in Kontakt mit Menschen, die möglicherweise ein anderes Hobby haben, aber bei den eigenen Problemstellungen trotzdem weiterhelfen können. Der Rollerfan mit Lackierkenntnissen, der Traktorschrauber, der sich mit Motoren auskennt, der Amateurfunker mit Elektrowerkstatt – das sind allesamt wertvolle Kontakte. Ihr versteht, worauf wir hinauswollen:

Man muss nicht alles selbst wissen oder können. Vieles kann man sich auch mit der Hilfe anderer aneignen, und so schließt sich der Kreis: Der Selbstausbau sollte nicht nur reines Mittel zum Zweck sein. Etwas selbst zu machen, über sich hinauszuwachsen, Dinge zu lernen, um am Ende stolz auf sein Werk blicken zu können, wenn man irgendwo auf der Welt an einem schönen Ort die Zeit genießt – auch das gehört auf jeden Fall dazu.

Bild rechts: Unser Academy-Konzept: Wissenstransfer verbunden mit viel Spaß

Zum Schluss

Uns ist bewusst, dass wir vieles nur sehr knapp angeschnitten haben. Dieses Buch erhebt daher keinerlei Anspruch auf Vollständigkeit, sondern soll ein Recherche-Leitfaden für Einsteiger sein. Von den meisten und den wichtigsten Themen solltet ihr nun aber zumindest schon mal gehört haben.

Wir empfehlen, dass ihr euch Leute sucht, die ihr Fahrzeug im Wesentlichen so gestaltet haben, wie ihr euch das auch vorstellt. Im persönlichen Gespräch lässt sich sicher noch sehr viel mehr erfahren. Auch was Vor- und Nachteile angeht, oder Tipps für mögliche Verbesserungen.

Zu den meisten Arbeiten gibt es im Internet haufenweise Videos, Forenbeiträge und Anleitungen. Leider schon fast zu viele, sodass man am Ende mit mehr Fragen als Antworten dasteht.

Deshalb: Sucht euch bei Themen, bei denen ihr unsicher seid, auch gerne professionelle Hilfe. Manchmal hilft ein Profi so sehr dabei, ein Problem zu lösen, dass es in keinem Verhältnis dazu steht, was es kostet. Bucht Workshops, besucht Treffen und vernetzt euch mit Gleichgesinnten. Das Wichtigste an der ganzen Sache: Traut euch, wachst über euch hinaus und vor allem: Habt Spaß dabei!

Und jetzt?

Jetzt geht's los! Weitere Infos, Links und aktuelle News haben wir für euch unter busbastler.de/handbuch zusammengefasst. Hier findet ihr ggf. Sonderaktionen, beschriebenes Material und weiterführende Quellen für eure Recherchen.

Danke!

Wir wollen uns aufs Herzlichste bei allen bedanken, die dazu beigetragen haben, dass wir dieses Buch schreiben konnten:

Kerstin und dem ganzen Team beim Bruckmann-Verlag. Ihr habt uns nicht nur die Chance gegeben, dieses Buch zu schreiben, sondern uns auch ertragen, wenn wir wieder irgendetwas in unserer eigenen Art umsetzen wollten.
verlagshaus24.de / bruckmann

Maren, die sich in der Korrektur und Visualisierung richtig ins Zeug gelegt hat, damit das Busbastler Handbuch so gut aussieht, wie es sich gehört.
marenschwitalla.com

Steven, der wieder einmal unfassbar tolle Bilder gemacht und diese auch für dieses Buch bearbeitet hat.
mahners.de

Sven, einem unserer Elektro-Dozenten, der sich erbarmt hat, das gesamte Elektro-Kapitel zu prüfen und zu ergänzen. Sorry, dass wir dich zu fast allen Tages- und Nachtzeiten genervt haben!
vanontrack.de

Family & Friends, ohne die wir das alles nicht gerockt hätten. Jede Art der Unterstützung war sehr wichtig! Namentlich erwähnt seien hier Carmen und natürlich Steffi und Lui von Come With Us 2, die uns den letzten Schubs gegeben haben, damit wir die Idee, unser Wissen niederzuschreiben, auch wirklich in die Tat umsetzen.

Van Weekend, die uns ermöglicht haben, die vielen Ausbauschritte zu dokumentieren.

Euch, denn über unsere Kanäle haben wir im Vorfeld immer wieder gefragt, was euch interessiert. Mit eurem Feedback konnten wir einige Themen mit aufnehmen, die wir sonst eventuell unterschlagen hätten.

busbastler
ACADEMY
OB KFZ-TECHNIK, ELEKTRIK, STANDHEIZUNG, FENSTEREINBAU ODER MÖBELBAU – DIE BUSBASTLER ACADEMY UNTERSTÜTZT SELBERMACHER MIT EINER GROSSEN BANDBREITE AN WORKSHOPS. FÜR ALLE, DIE IHR FAHRZEUG ZU EINEM CAMPER AUSBAUEN WOLLEN, SICH AN MANCHE DINGE ABER NICHT RANTRAUEN. WIR STEHEN MIT FACHLICHER KOMPETENZ ZUR SEITE. GESELLIGKEIT UND SPASS INKLUSIVE!

Das Workshop-Angebot in der Übersicht

Aktuelle Workshops, Termine und nähere Informationen findet ihr unter **busbastler.de**

Verantwortlich: Kerstin Thiele
Lektorat: Christian Schneider
Layout: Maren Schwitalla
Repro: LUDWIG:media
Herstellung: Alexander Knoll
Printed in Poland by CGS Printing

★★★★★

Sind Sie mit diesem Titel zufrieden? Dann würden wir uns über Ihre Weiterempfehlung freuen. Erzählen Sie es im Freundeskreis, berichten Sie Ihrem Buchhändler, oder bewerten Sie bei Onlinekauf. Und wenn Sie Kritik, Korrekturen, Aktualisierungen haben, freuen wir uns über Ihre Nachricht an Bruckmann Verlag, Postfach 40 02 09, D-80702 München oder per E-Mail an lektorat@verlagshaus.de

Unser komplettes Programm finden Sie unter

www.bruckmann.de

Alle Angaben dieses Werkes wurden von den Autoren sorgfältig recherchiert und auf den neuesten Stand gebracht sowie vom Verlag geprüft. Für die Richtigkeit der Angaben kann jedoch keine Haftung übernommen werden, weshalb die Nutzung auf eigene Gefahr erfolgt. Insbesondere bei GPS-Daten können Abweichungen nicht ausgeschlossen werden. Sollte diese Werk Links auf Webseiten Dritter enthalten, so machen wir uns die Inhalte nicht zu eigen und übernehmen für die Inhalte keine Haftung.

In diesem Buch wird aus Gründen der besseren Lesbarkeit das generische Maskulinum verwendet. Weibliche und anderweitige Geschlechteridentitäten werden dabei ausdrücklich mitgemeint, soweit es für die Aussage erforderlich ist.

Bildnachweis:
Alle Bilder im Innenteil: Steven Funk | @Mahners

Ausnahmen:
Seite 10, 34: Dennis Brandt
Seite 13: Marcel Kübler
Seite 19, 21, 24: iStockphoto / deepblue4you
Seite 20: iStockphoto / tibor5
Seite 25: iStockphoto / matthewleesdixon
Seite 26: iStockphoto / zoomstudio
Seite 27: Fabian Kütemeier
Seite 28: Dominik Krause
Seite 40, 270, 275, 277: Florian Keuten
Seite 47: Adobestock / BalintRadu
Seite 121, 134: Cäthe Pfläging
Seite 278: Unsplash / Fancycrave
Seite 286 oben links: Unsplash / raquel raclette
Seite 286 oben rechts: Unsplash / israel palacio
Seite 286 unten links: Unsplash / Clem Onojeghuo
Seite 286 unten rechts: Unsplash / Emre Karataş
Seite 287 unten links: Unsplash / Wes Hicks
Seite 287 unten rechts: Unsplash / Jairph

Umschlagvorderseite:
Bild oben: Shutterstock / RoMiEg
Bild unten rechts: Adobestock / BalintRadu
Bild unten links: Steven Funk
Umschlagrückseite: Unsplash / Fancycrave
Umschlagklappe vorne: Steven Funk
Umschlaginnenseite vorne: Florian Keuten
Umschlaginnenseite hinten: Steven Funk

Die Deutsche Nationalbibliothek verzeichnet diese Publikation in der Deutschen Nationalbibliografie; detaillierte bibliografische Daten sind im Internet über **http://dnb.d-nb.de** abrufbar.

3. aktualisierte Neuauflage
© 2025, 2022, 2021 Bruckmann Verlag GmbH
Infanteriestraße 11a
80797 München

ISBN 978-3-7343-1064-5